MASLOW：PEAK EXPERIENCE

高峰体验

活出创造价值的好状态

［美］亚伯拉罕·马斯洛——原著

包维维——编译

北京联合出版公司
Beijing United Publishing Co.,Ltd.

图书在版编目（CIP）数据

高峰体验：活出创造价值的好状态 /（美）亚伯拉罕·马斯洛原著；包维维编译 . -- 北京：北京联合出版公司 , 2025. 6. -- ISBN 978-7-5596-8426-4

I. B821-49

中国国家版本馆 CIP 数据核字第 2025242EG7 号

高峰体验：活出创造价值的好状态

作　　者：[美] 亚伯拉罕·马斯洛

译　　者：包维维

出 品 人：赵红仕

出版监制：再　冉

责任编辑：管　文

封面设计：仙　境

内文排版：庞海飞

北京联合出版公司出版

（北京市西城区德外大街 83 号楼 9 层　100088）

三河市中晟雅豪印务有限公司印刷　新华书店经销

字数 141 千字　880 毫米 ×1230 毫米　1/32　8.5 印张

2025 年 6 月第 1 版　2025 年 6 月第 1 次印刷

ISBN 978-7-5596-8426-4

定价：59.80 元

译者前言

哲学家尼采有一句名言——"成为你自己！"寥寥几个字，无论就人类生活方式的变迁史而言，还是就个体的成长而言，都是说起来容易做起来难。很多人仅仅是意识到人活着应该"成为我自己"，就已经很难了，要做到更难。

马斯洛的毕生成就，是从心理学、社会学、美学等角度对"成为你自己"条分缕析，辨明机制，进而指出实现的方法。马斯洛是乐观的，坚信人可以通过自我调整、加强修养一步步提高境界，从而走向人生的圆满。如果说弗洛伊德及其门徒揭示了人类心理病态的一半，马斯洛则将健康美好的另一半补充完整。有人说，正是由于马斯洛的存在，做人才被看成一件美好的事情。

亚伯拉罕·哈洛德·马斯洛（1908—1970），犹太裔美国人，心理学家、哲学家，人本主义心理学的主要发起者。其成就，一是提出了"需要层次论"，二是深入探讨了人的"自我实现"问题。中国读者大多对前者比较熟悉，对后者不太了解。需要层次论是说，人的需要分层次，从低到高依次为：生理需要、安全需要、归属与爱需要、尊重需要、自我实现需要。低级需要得到满足，就会上升到高一级需要，直至最高一级需要——自我实现。马斯洛对"自我实现"极其重视，这方面研究是其学术成就的巅峰。

马斯洛告诉我们，人可以通过"自我实现"，系统性满足各层次需要，实现完美人格，而"高峰体验"代表了人的最佳状态。自我实现与高峰体验，并不是两个独立的概念，而是互相缠绕，你中有我，我中有你。在马斯洛著作中，两个概念经常互相说明。理解了"自我实现"，也就理解了"高峰体验"；反之亦然。

摆在读者面前的这本书，是从马斯洛多部著作中选取章节，以"高峰体验"为主题集萃而成。所取章节，大多稍作精简，以期更加深入浅出，也更具指导意义。

目　录

卓越人生的关键——自我实现

为什么有人卓尔不凡

　　我的两位老师——鲁思·本尼迪克特[①]和马克斯·韦特海默[②]——都是卓越的人。我想知道他们为何如此特别，但现有的心理学训练不足以做到这一点。似乎从某种角度来说，他们的存在已经超越了一般意义上的"人"。于是，我开始进行一些前科学或非科学的调查研究。

　　我对自我实现（self-actualization）的研究也由此开始。我做了有关两位老师的笔记，并尝试理解他们，思考与他们相关的事。我将自己的看法写下来，突然某一天发现，这两

　　[①]鲁思·本尼迪克特（1887—1948），美国当代民族学家人类学家，代表作《文化模式》《菊与刀》。——译注

　　[②]马克斯·韦特海默（1880—1943），德国心理学家，格式塔心理学创始人之一。——译注

位老师身上存在某些共同的特征。也就是说，我在调查研究的并不是两个独特的个体，而是某种类型的人。对我来说，这是一件令人兴奋的事。后来，我又尝试在其他人身上找到这种共同特征，结果也成功了。

我选择了某种类型的人，然后对他们进行概括总结，从而得出某些结论。这种研究并不科学。但就目前的情况来看，我已经从选出的二三十个非常优秀并受人喜爱的人身上概括出了一种综合性说明。这种说明适用于他们每一个人。例如，他们都是受西方文化教育和熏陶的人，都是存在各种内在偏见的人。这种归纳虽不一定可靠，但如果我们想要进行关于自我实现者的研究，这是目前唯一适用的方法。

我的研究成果发表后，有很多不同角度的研究为它提供了支持，如罗杰斯[1]和他学生的研究成果证明了所有的综合性说明，伯根塔尔[2]在心理治疗方面进行了肯定。还有与LSD麻醉药有关的一些研究、与治疗效果有关的部分研究及一些测验结果等，也都确切地证实了我的研究结果。

---

[1]卡尔·兰桑·罗杰斯（1902—1987），美国心理学家，人本主义心理学的主要代表人物之一。——译注

[2]詹姆斯·布根塔尔（1915—2008），美国心理治疗学家，人本主义心理学创始人之一。——译注

就我个人而言，我是非常相信这项研究的主要结论的。我认为，没有任何一项研究能够令其发生严重变化。当然，一些小变化还是会有的。我自己也尝试过一些小变化，不过，我的自信并不能作为证据论证它的科学性。你有理由对我关于自我实现者的研究成果表示怀疑，因为是我选出了一些人，又从这些人身上归纳出了全部结论，而你并不了解我。但是，我也有权利表示反对。这些结论虽处于前科学的范畴，提出的形式却是能够经受住检验的，它从这种意义上来说是科学的。

我选择的研究对象年龄都比较大，事业都很成功。他们出色、健康、坚毅、理智、聪明、纯粹而富有创造力。我相信，当我们以这种类型的人作为研究对象时，对人类会有一种截然不同的看法。

研究的展开

在自我实现研究的过程中，我选择的研究对象有公众和历史人物，也有朋友和熟人。此外，还在三千名大学生中筛选了一番，做针对年轻群体的研究。最后我发现，在现代这些年轻人身上，越来越难看到过去人身上那些自我实现的特质了。

后来，我在他人的帮助下努力找到了一个相对健康的大学生群体，又根据自己设定的一些标准从这个群体中选择百分之一的大学生进行研究。被选中的大学生是群体中健康水平最高的。我们花费了两年多的时间去研究他们，虽然因种种原因没能取得最终结果，但研究的过程和取得的结论仍有重大意义，尤其是在临床治疗上。

根据最重要的临床定义，我们选择研究对象的标准有两个，一个称为负面标准，另一个称为正面标准。其中阴性标准指的是，研究对象不得有神经症、精神病或精神病态人格，也不得有这些方面的倾向。哪怕有一点儿嫌疑，也要仔细地监控和检查。阳性标准指的是，研究对象在自我实现方面要有积极的表现。由于这种表现不好准确描述，我们将其简单地概括为充分开发和利用了自己的才智、功能和潜力。

上述标准代表着在过去或当时，某个个体的低层次需要已获得满足，如安全需要、归属与爱需要、尊重需要和认知。至于这些需要的基本满足是自我实现的前提还是必要条件，目前尚不能确定。

我们通过一些筛选技术选出了第一批研究对象，其中一组自我实现程度较高，另一组程度较低且有明显缺陷，两组实验结果相对照。在细致入微的临床研究中，我们以实证研究为基础，根据研究过程中收集到的素材，进一步改进和修正了心理学界那些普遍的定义。然后以这个第一次出现的临床定义为基础，对被选中的研究对象进行二次筛选，并增加了一些新的研究对象。这样产生的第二批研究对象会再次接受更细致的临床研究，所得结果又会被用来改进和修正最初的临床定义，并根据这个新定义再筛选出下一批研究对象，以此类推。心理学界那些模糊、不科学的定义在这种方法的作用下变得越来越清晰、准确。这样做不但更科学，还更具可操作性。

我们的研究对象主要分为几类：7名已确定的，外加2名可研究程度较高的研究对象；2名确定的历史人物，他们是晚期的林肯，还有托马斯·杰斐逊；7名可研究程度较高的公众或历史人物，包括爱因斯坦、埃莉诺·罗斯福、简·亚当斯、威廉·詹姆斯、施韦泽、奥尔德斯·赫胥黎①和斯宾诺莎②；5名当代的研究对象，他们虽然存在显见的缺陷，但同时也存在潜在研究价值；他人提议的或做过研究的研究对象，包括歌德、阿德莱·史蒂文森、罗伯特·布朗宁、拉尔夫·沃尔多·爱默生、乔治·华盛顿、本杰明·富兰克林等。

由于研究对象数量较少，且很多只能进行间接研究，难以取得完整的材料，所以我们只能给出一个对所有研究对象的整体性概括。这些整体特征对自我实现者具有非常重要的作用，对接下来的临床和实验研究也具有重要的参考意义。

---

①奥尔德斯·赫胥黎（1894—1963），英国作家，代表作有《美丽新世界》《岛》《知觉之门》等。——译注

②巴鲁赫·斯宾诺莎（1632—1677），荷兰哲学家。他认为，上帝利用自然法则主宰世界，是每件事的"内在因"，所以在物质世界中，万事万物都有其必然性。他主张用这种"永恒的观点"来看待事物。——译注

重新定义"自我实现"

一直以来，我们对"自我实现"的定义都太过静态和类型化。就好像一个人，要么达到自我实现，要么未达到，没有第三种选择。这就导致能最终被称为自我实现者的人极少，而且年龄都比较大。可是我发现，当一个人处于高峰体验（peak experience）中时，他会显露很多自我实现者的特征，就好像在这个短暂的时刻，他们也成了自我实现者。这种变化不止体现在情绪、认知和表达上，也体现在性格上。在高峰体验中，他们不只感到了强烈的愉悦、欣喜、激动，他们的人格也达到了高度的成熟、健康和完满。

现在，我们可以对自我实现进行重新定义，将它视为一段经历。此时，我们以一种非常有效并能令人感到快乐的方式将自身力量集中起来。这就意味着，我们变得更加完整、统一，更加独特、自主，更能吸纳经验，更有创造性，更幽默，更能表达自己，更能发挥自身功能，更超越自我和低级需要，等等。也就是说，我们更接近自己的真实存在，更能充分发挥自身的潜能。

按理说，在我们的一生中，任何时候都可能产生这样的经历，或进入这样的状态。与普通人相比，自我实现者的高峰体验要更加频繁和强烈，同时也更完美。这也是自我实现者的一个与众不同之处。对他们来说，高峰体验并不是"要么有、要么无"的一件事，而是一个程度和频率的问题。如果将自我实现视为一段经历，那么我们在研究时可选择的范围会变大很多。除了那些极少数的自我实现者，生活中有过自我实现经历的艺术家、知识分子或富有创造力的普通人，都可以作为研究对象。

人们通常认为自我实现是一种梦幻的"完美"状态，是静止不动的。人只要达到这种状态，就意味着超越了所有问题，甚至超越了人类本身，就可以以一种从容或欣喜的状态一直生活下去。然而，这并不是事实。我认为，自我实现是一种人格的发展。年少时的匮乏问题和生活中的一些幼稚的、非必要的问题，随着这种发展被逐渐摆脱，取而代之的是一些关乎生命的、真正的问题。比如，终极问题，没有完美答案的存在问题等。换句话说，自我实现并不代表没有问题，只是将一些暂时的非必要的问题转化成了真正的问题。而自我实现者是指能够勇敢、坦然地理解和接受这些问题的人。面对这些问题，他们不会自欺欺人，也不会否定、怀疑。对自我实现者来说，人格的高度发展能令他们摆脱不必要的内疚，提高生命的质量，同时也能带来更多、更深刻的高峰体验。总的来说，人格发展得越完满，痛苦和问题就越少，快乐就越多。

像孩子一样生活，是可能的

那些感知敏锐、善于发现乐趣的人

在对研究对象的整体特征进行分析时，我们发现，自我实现者往往对现实有更敏锐的感知能力。这种能力非常重要，能让那些欺骗、虚伪和背叛无所遁形，并从根本上认清一个人。我们在将一组大学生作为研究对象时发现，与缺乏安全感的学生相比，安全感强的学生能更准确地认识学校教授。

这种现象随着研究的深入而愈发明显，甚至扩展到了生活的各个领域，如音乐、艺术、科学、政治、公共事业等。也就是说，各行各业都有这种对现实更具敏感性的人，他们已经成为一个群体。与一般人相比，他们能够更加快速和准确地看清模糊的现实或者隐藏的真相。不仅如此，由于很少受个人欲望、情绪、性格等方面的影响，他们以当前既定事实为基础，对未来做出的预测往往更为准确。

有人认为这种能力是一种"优良品位"或者"精准判断"，但我觉得并不准确，因为"优良品位"和"精准判断"都是相对的概念，而这种能力更适合被称为一种对绝对客观事物的感知。

研究表明，面对那些普遍、庸俗、笼统的事物时，自我实现者更容易从中找出生动、具体和特别的那部分。这样导致的结果就是，当大多数人还困在各种观念、愿望、信仰和刻板印象混杂在一起而形成的人为世界时，自我实现者已经找到了真实的自然世界，并融入其中。可以说，自我实现者有一双"看透一切的眼睛"，他们不易受个人欲望、恐惧、信仰、文化的影响，更容易感知到自然世界。

自我实现者行事时必定有明确的方法和目标。在他们眼里，方法是为目标服务的。后者显然更重要。不过这是一种简单的说法，实际上，他们的目标通常会包含自己的体验和采取的行动，从而令情况复杂化。要知道，这些体验在大部分人眼里都是无关紧要的。可是，对自我实现者来说，不管是过程还是结果都很重要，两者都能给他带来乐趣。所以，哪怕是例行差事，他们也能从中找到乐趣，像平日休闲娱乐时那样沉浸其中。这就像韦特海默对孩子的描述一样。他认为，大部分孩子都富有创造力，面对那些经常做的、沉闷的工作，会进行一些调整和改变。比如，他让孩子们按规律将书从一排书架运到另一排书架上，孩子们会在活动的过程中将其变成一个有规律和乐趣的游戏。

自我实现者具有孩子一样的创造力。这种创造力其实每个人都有，是一种与生俱来的品质、潜能。只是受社会文化的影响，大部分人已经失去了这种天性。不过，有一部分人还保留着，他们会以一种新鲜、单纯的眼光来看待生活。还有一些人经历了这种天性的"失而复得"，用桑塔亚那[①]的话说，这些人获得了"二次童真"。

在我的研究对象身上，这种特殊的创造力没有简单地表现在艺术创作上。它似乎成了健康人格的一种表现，关乎此人的所有活动。这样就跳出了职业或身份的限制，哪怕是个木工、鞋匠，也可能充满创造力。

对自我实现者来说，这种特殊的创造力可以让他们拥有更强的新鲜感、更高的效率，以及更敏锐和深入的观察力。因此，他们似乎更容易看透一切，找到真实。

自我实现者很少压抑自己，他们没有受太多文化影响，

---

①乔治·桑塔亚那（1863—1952），西班牙裔美国哲学家、批判实在论的倡导者，代表作有《美感》《怀疑论和动物式信仰》《存在诸领域》。——译注

更自然、更遵从自己的本性。有些人认为，正是这种特质令自我实现者拥有了创造性。生命之初，所有人都具有自发性。但随着时间推移，普通人因为各种原因不断压抑自己，这种自发性就消失了，更准确地说是潜藏起来了。所以，他们身上很难出现自我实现者那种特殊的创造力。

"创造性"的另一个定义

我注意到，很多人在提到创造性时都特指一些传统领域，如美术、音乐、文学等，好像只有那些画家、音乐家、作家才有创造力，才能过创造性的生活一样。似乎无意识中，我们已经认定，只有专业人士才富有创造力。

然而，这并不是事实。我的研究对象很好地证明了这一点。有一位没受过什么教育的家庭妇女，从传统意义上看，她似乎没做过什么富有创造性的事情。但是，她是优秀的厨师，也是出色的主妇。她能在经济拮据的情况下把家里装扮得很漂亮，能做出色香味俱全的食物，她在这些方面展现了完美的技术和品位。她在所有家庭领域的事物上都表现出了独特的想法，她心思巧妙、独树一帜，常有出人意料和创新之举。我能说她没有创造力吗？显然不行。我从她这样的人身上学到：与二流的油画相比，一流的食物更富创造性。换句话说，不管是做饭还是教养孩子，或者是经营家庭，都可以富有创造性。反之，就算是诗歌，也可能缺乏创造性。

　　还有一位从未写过文章、做过研究的精神科医生。在他眼里，每位病人都是独特的个体，必须用新的方法去理解和解决他们的问题。他总是能顺利解决那些麻烦的情况，足见他"创造性"的行事方式是成功的。我还从一位年轻的运动员身上意识到，一次无可挑剔的阻击所具有的美感完全可以与十四行诗相提并论，其中蕴藏的创造性精神是不相上下的。

　　通过这些例子，我发现"创造性"不仅可以用来形容产物，也可以用来形容人的性格、活动、态度等。事实上，我开始用它来描述很多东西，除了传统的诗歌、画作、文学作品外，还有很多产物。

　　这样做的结果就是，我发现必须对它进行区分，将其分为"特殊才能创造性"和"自我实现创造性"。在日常生活中，后者更常见，与人格关系更紧密。这种创造性主要表现为"创造性地做所有事"，它最重要的一个特点是带有一种敏锐的洞察力。这种洞察力让具有这种创造性的人在看到事物普遍性、抽象性、类别性特征的同时，也能发现它的独特性、具体性、原始性和表意性。因此，当大多数人还困在各种观念、愿望、信仰和刻板印象混杂在一起而形成的人为世界，并且分不清它与真实世界的区别时，他们已经找到了真实的自然世界，并生活在其中。

与普通人相比，我的实验对象无一例外，都更具自发性和表达性，而且行为更自然、松弛、自由，就好像没有什么阻碍和自我批判，因而也不受束缚和压制。对自我实现创造性来说，这种毫不畏惧、全然真实地表达自己的想法和期望的能力是一个非常重要的特征。同时，也是健康人格的一种表现，这种人就是罗杰斯口中那些"完全发挥功能的人"。

一个孩子如果得到了足够的爱和安全感，身上也会表现出某种创造性。我发现，自我实现创造性在很多方面与这种创造性十分相像。这是一种自发的、松弛的、纯洁的、舒缓的创造性。它生动灵活、不落俗套，主要由纯粹、简单的感知自由和纯真、不受束缚的自发性和表现力组成。如果不对事物产生预想，认为它"应该怎样""必须怎样""一直都是怎样"，几乎所有孩子都能进行更自由的感知。而且在没有任何安排的情况下，几乎每个孩子都可以进行即兴创造，画一幅画或唱一首歌。

我的研究对象所具有的就是这种孩子般的创造性。当然，他们并不是真的孩子，准确地说，他们是保留或再次获得了孩子一般的"童真"。这主要表现在两个方面：一是他们不给事物贴标签，对体验保持开放态度；二是他们能轻松地自发行动、自我表达。我认为，我的研究对象获得了"二次童真"。在他们身上，单纯的感知、表达与复杂的思想结合了。对我们来说，这种童真是一种与生俱来的潜力，只是在成长的过程中，为了适应文化渐渐丢失或埋没了。

沉迷当下——"高峰体验"的重要特征

　　我通过观察发现，创造性的人在创造力迸发的灵感阶段会沉迷于当下。此时，他所有的注意力都在眼前事物上，在此时此刻。他沉迷其中，难以自拔。这种"沉迷当下"的体验是忘我的，是超越时间、空间、文化和历史的。对任何创造性来说，它都是必要条件。无论哪方面的创造性，其前提条件在一定程度上都与这种能力有关。

　　这种现象与神秘体验有很多共同之处，可以称为一种更常见的、简化版的神秘体验。它在不同的文化和时代中有不同的表现，但本质是相同的。

　　在人们眼中，它是一种"忘我"，是一种"自我超越"。在这种状态下，人们会发现一种自我和非我融合。说得更直白一点，就是自我与眼前所做的事融合在了一起。人们还会发现一些隐藏的真理，或者以前不明白、不清楚的突然就明白了、清楚了，人会受到启示，并产生一种令人沉迷的、极度愉悦的体验。这种体验远远超出人们的预想，因此常被认为是超自然的。也就是说，它有着一个超越人类的源头。

现在，人们开始试着认识这种不同寻常的体验。我和玛格丽塔·拉斯基都做过这方面的研究。我将它称为"高峰体验"，玛格丽塔称之为"狂喜体验"。我们二人的研究足以表明，这种体验是自然发生的，而且较为常见。通过这种体验，我们不仅可以了解创造性问题，还可以了解到一个人格高度成熟、健康、完美的人，或者说充分自我实现的人，在其他方面可以达到怎样的高度。

沉迷当下，与眼前所做之事融为一体，超越时间、空间，这些也都是高峰体验的重要特征。对我们来说，越了解高峰体验，似乎也就越理解沉迷当下的体验和创造性态度。

我们之前似乎把高峰体验推向了某种极端，其实没必要如此。我们可以把眼界放宽一些，那些短暂的沉溺、入迷、聚精会神，都可以算作简化版的高峰体验。一首交响乐、一场戏剧、一部电影、一个故事，甚至是日常工作，只要有足够的吸引力，能吸引我们的全部目光，就可以令我们体验到和高峰体验一样的效果。对我们来说，这些熟悉的场景、经验可以带来更直观的感受。相对于复杂的高峰体验来说，这是一种温和的直接体验。它能产生和高峰体验一样的效果，但更容易理解。

我们沉迷当下时，通常会忘记过去和未来。或者说，过去和未来不再对我们起作用。我们利用当下通常是为了给未来做准备。比如聊天时，对方说话时，我们表面在听，实际是在想自己该怎么回答。但是，如果我们听得非常入神，就不会出现这种情况。此时，当下不会被看成是通往未来的一种手段。显而易见，忘记未来是我们能够完全投入当下的前提条件，而忘记未来最好的方法就是不要担忧未来。

我们沉迷当下时，似乎更能在感知和行为上保持单纯。因为此时此刻，我们对一切都没有太高的要求和期待，不会去比较什么，也不会去评判什么，只是平静而愉悦地接受眼前的一切。

此时，我们所有的注意力都在眼前所做的事情上，对其他人或事物的关注就会减少。当我们不太关注他人时，就意味着不再受彼此关系的束缚。无论彼此间有什么责任、义务、期待，都无法再对我们形成限制。于是，我们就能更好地做自己。换句话说，我们沉迷当下时，会觉得更加自由，别人对我们的影响也会变得更小，曾经影响我们的那些行为以后可能也不会再起作用。这代表我们可以做真实的自己，无须再为了赢得赞美而故作可爱。

沉迷当下时，我们会忘记自己。自我意识会减弱，甚至完全丧失。因此，我们不太会像平时那样，对自己进行观察、审视，也就不会分离出心理动力学上的观察自我和体验自我。也就是说，我们整个人更统一，更接近于一种整体的体验自我状态。此时，我们对自我的批评、指责、否定、评判、衡量会减少，人会变得更积极。这种忘我通常是愉悦的、令人向往的，可以帮助我们找到真实的自我。

沉迷当下时，我们是勇敢的、自信的，不再恐惧和焦虑。不管是精神上的烦闷，还是身体上的痛苦，都会消失。甚至一些不太严重的精神疾病或神经症的症状，也会消失。同时，我们的防御、戒备、控制会减少。不再那么压抑自己，不再那么严格地控制自己的冲动。

勇气和力量是创造性态度必不可少的条件。针对创造性个体的研究有很多，这些研究赋予了"勇气和力量"更为丰富的含义："勇气"包含坚毅、独立、自足、骄傲等，"力量"包含人格力量和自我力量等。

恐惧和软弱会严重削弱创造性。如果我们将创造性视为当下忘记自我和他人的状态，这一点会更容易理解。从本质上来说，这种状态就代表了恐惧、压抑、防御、戒备、自我保护的减少。在这种状态下，我们更能做真实的自己，更能接受荒唐和失败。简而言之，我们全神贯注时，就不再感到害怕。从一种积极的角度来看，面对神秘的、未知的、矛盾的、独特的、意料之外的事物，勇敢的人更容易产生兴趣，而不是感到焦虑、害怕、怀疑，甚至为此启动防御机制。

忘记过去和未来、忘记自我、减少防御和戒备、消除恐惧，这些都意味着对自我和世界的信任。在这种沉迷的状态下，我们放下焦虑、抵抗、控制、力争，把所有的注意力都投入到眼前所做的事情上，允许自己被其掌控。此时，我们必然是放松的、耐心的、接纳的。

持续欣赏平凡事物，是一种能力

自我实现者能够持续欣赏生活中的平凡事物，哪怕此事物他已见过百次、千次，仍可能从中感到愉悦。每次欣赏都可能给他带来新的体验，可能是喜悦、惊异，也可能是敬畏或狂喜。有人将这种能力称为"新奇力"。

比如欣赏美丽的夕阳。第一次见时，大部分人可能叹为观止。但是随着次数增多，这种赞叹会越来越弱，直至变成理所当然。这可能就是我们所说的"审美疲劳"。我们将太多事物视作理所当然，低估或忽视了它们的价值，因此很容易做一些蠢事，比如拿与生俱来的宝贵权利交换微小的利益。

自我实现者不会如此，他每次欣赏夕阳都可能会像第一次一样，惊讶于它的美丽。在这种人眼里，平凡的生活中处处都是惊喜，每个时刻都可能让他感受愉悦、兴奋，甚至狂喜。当然，这种强烈的感觉不会出现得很频繁。确切地说，它是没有规律的，是可遇不可求的。他可能乘坐十次渡船过河，第十次才像第一次那样感到强烈的兴奋。

每个自我实现者关注的方向不同，能够感受到美好的领域也不一样。拿我的研究对象来说，他们有的关注自然，有的关注儿童，还有的关注音乐。但无论是哪个方向、哪个领域，他们都能从平凡、基本的生活经验中获得巨大的喜悦、灵感和力量。至于普通人喜欢的聚会、享乐、赚钱，自我实现者通常不会从中获得上述体验。

此外，还有一种特殊的体验值得一提，即性生活带来的愉悦，尤其是性高潮带来的神秘体验。这已经不是纯粹的愉悦，而是一种基本层次上的精神的提升、振奋和唤醒。我的几位研究对象曾描述过自己的性高潮。他们言辞模糊，却给我一种熟悉感，因为很多作家在描述自己的所谓"神秘体验"时也用过类似的词语。他们是这样形容的：这种感觉就像视野中出现一道地平线，它很长很长，似乎无穷无尽；我觉得自己从未如此强大过，也从未如此无助过；心中涌动着无限的喜悦、惊奇和敬畏，它们如此强烈，又如此混乱；我十分肯定，自己的这种经历很重要，里面蕴藏着无尽的价值。

这种体验几千年来总是与神学和超自然领域联系在一起，但我们仍应将其与后两者区分开。这一点非常重要。事实上，这种体验的产生是非常自然的，丝毫没有脱离科学的范畴。因此，我将它命名为"高峰体验"。

我们将"高峰体验"视为一种自然现象，将它的程度进行量化时，就会发现它可能是一个从强烈到温和的连续统一。就是说，这种体验并不都是极度强烈的，也不都是极度温和的，它可以在两者的范围内连续取值。这一点已经在我的研究对象身上证实。我们还发现，大部分人都有过较为温和的"高峰体验"，只不过在自我实现者身上，这种体验发生得更频繁，在有些幸运儿身上甚至每天都发生。

显然，要想获得高峰体验，我们只需大力强化所有"忘我"或"超我"的体验，包括以问题为中心的处事方法、高度集中注意力时的感受、强烈的感官刺激、聆听音乐或欣赏艺术时的全情投入，以及本尼迪克特所说的"无我"行为。

我对高峰体验的研究始于1935年，现在仍在进行。与开始时相比，我发现自己越来越重视"高峰体验者"与"非高峰体验者"之间的差异。这种差异非常重要，据我推测，它是造成人与人在性格方面存在"等级差异"的重要因素。此外，它还可能产生很多后果。概括来说，高峰体验者所生活的领域好像都与存在、精神有关，可能关乎诗歌，可能关乎艺术，可能关乎信仰，也可能关乎哲学或死亡。在社会生活中，这类人更容易成为诗人、音乐家或哲学家。相比之下，非高峰体验者的生活好像更贴近现实，更注重实际和效率，更容易成为社会的支柱，担任改革者、政治家或社会工作者的角色。

顺应自然：人与世界的融合

　　创造性态度会表现出一种微妙的道家式特征。很多人都认为，创造性的初始灵感阶段会表现出一种明显的接受力、放任、不干涉、顺应自然。这种接受力或"顺应自然"与沉迷当下的状态有哪些关系呢？

　　我们用一个例子来说明。艺术家通常会认真对待手中的素材。这种"认真对待"可以被视为一种尊敬。这就意味着艺术家不会想要控制它、改变它，只是尊重它的存在，让它顺着自身的特性自由发展。也就是说，把它视为一种目的，而不是达到某个目的的手段。艺术家承认素材有自己存在的权利，所以他尊敬它。

　　这种尊敬在人、物、场景及其他问题上同样适用。比如作家尊重事实的权威，遵从情景的法则。只是允许它按照自己的本性发展还不够，我们要像对待爱人、孩子、宠物那样，满心欢喜地、渴求地、赞同地，希望它成为它自己。

只有用这样的态度对待眼前事物，我们才能感知其全面、具体和丰富的内在。也就是说，我们必须让它按自己的天性自由存在、发展，允许它成为它自己，而不是按我们的意志去干涉或改变它。

我们全神贯注地做某事，并沉迷其中时，会更具自发性。我们的能力会跟随我们内心的冲动、意识自由流淌，以一种类似本能的、自主的方式出现，无须刻意去思考或控制。

我们的行动似乎是由眼前事件的固有性质所决定。换句话说，我们要随机应变。例如，画家作画时要根据画的需求不断调整自己的行动，两个人跳舞时要根据对方的舞步调整自己的步调。

由于具有充分的自发性，个体能更真实地表达自我，发挥自己的独特性。不管是自发性，还是表达性，都含有真实、自然、诚挚、不伪装等意味。同时，还代表了行为的非手段性的本质，无须刻意努力，跟随冲动自由流淌，不阻挠、不干涉。

创造性发展到最后会达到人与世界的融合。很多研究表明，对创造性来说，人与世界的融合是一个必要条件。通过上述讨论的这些特征，我们可以认识到，这种融合是自然的、简单的，并非难以理解。用葛饰北斋①的话来说就是："你要变成一只鸟才能去画一只鸟。"

---

①葛饰北斋（1760—1849），日本江户时代的浮世绘画家，葛饰派创始人，代表作有《富岳三十六景》等。——译注

从自发到独立

不受常规束缚，行动才有自发性

自我实现者的行为通常是简单而自然的，他们不会装腔作势，也不会只顾着追求效果。他们会顺应自己的内在冲动、思想和意识，行为更具自发性。

自我实现者的内在冲动、思想和意识往往与众不同，但他们的行为并不会因此而离经叛道。事实上，大多数时候，他们的行为是符合常规的。他们很清楚，这个世界就是有很多不能理解的事物，他们也知道自己的不同寻常。所以对于那些陈规陋习，为了不伤害身边的人或者发生无谓的争吵，他们通常会耸耸肩或以一个优雅的姿态来面对。因此，我们经常能够看到，为了不伤害那些讨好自己的人，自我实现者表面上接受荣誉，但内心却对其嗤之以鼻。

其实，自我实现者的内心深处是蔑视传统的，尤其是这些传统对他认为重要的事产生阻碍时。这是他不能允许和接受的。在他眼里，传统或常规不过是件衣服而已，随时都可以丢弃。这种态度在他全身心地投入自己的事业时表现得尤为明显。为了达到自己的目标，他随时可以放弃平时恪守的各种行为准则，完全不会纠结、犹豫，就好像他平时的循规蹈矩都是故意做出来的一样。而当他和那些希望人们安分守己的人在一起时，又能放弃这种随性，恢复中规中矩的样子。

在一些人眼里，这种根据需要随时调整自身行为的做法并不简单，会给自己造成压力。但自我实现者的感觉截然不同，他们认为这让他们更自由，更能顺从自己的本心，也更具自发性。他们偶尔因自己的行为感到费力时，也能迅速摆脱。

这种行为特点令自我实现者与普通人相比在道德准则方面更具自发性和个人特色。由于他们随时可能根据自身需要破坏常规，甚至违反法律，所以有些观察者认为自我实现者缺乏道德。可是，我们通过观察已经发现，我们能理解普通人的行为只是因为这种行为符合常理，并不代表它能与真正意义上的道德行为画等号。其实，自我实现者往往更具道德，只是他们奉行的道德准则可能与人们普遍认可的原则不一样。他们不喜欢那些传统习惯，也不太愿意接受社会上常见的那些虚情假意、花言巧语和言行不一。所以有时候，他们会觉得自己独立于众人之外，像个异客或者外星人。

通过上述内容，有人认为自我实现者善于隐藏真实的自我，但事实并非如此。当自我实现者对常规感到不满、愤慨时，他们会试着教训、开导或者保护他人。当他们心情愉悦、喜不自胜时，任何压制对他们来说都是一种冒犯。也就是说，自我实现者从不会压抑自己，不管是愤怒还是快乐，他们都会表现出来。这就是在旁观者眼中他们不易焦虑、内疚和羞耻的原因。

只要不涉及原则问题，自我实现者基本会按传统方式行事，因为他们不想伤害别人。他们像孩子或动物一样，容易接受并适应现实，同时又具有自发性，能不受现实左右，坚持自己的想法或行动。因此，对于自己的冲动、欲望、见解以及主观反应，他们具有更高程度的参与意识。这就导致在前进的内在动机上，不管是数量还是质量，自我实现者都与常人有很大差异。推动普通人前进的是匮乏性动机，换句话说，普通人奋斗是为了满足自己缺乏的基本需要。但推动自我实现者前进的是成长性动机，他们的各种需要已经基本满足，之所以奋斗、努力工作、不断尝试，是为了自身的成长、成熟和发展，也就是我们所说的"自我实现"。

自我实现者的性格及缺陷

自我实现者具有明显的民主性格。他们愿意与任何情投意合的人交往，无论对方是何种族，受过何种教育，有何信仰，处于哪一阶层。在普通人眼里，这些差异不容忽视，但自我实现者并不在意，甚至不会意识到这些。

自我实现者具有明显的民主特征和深厚的民主情怀。比如，他们推崇"三人行，必有我师焉"，愿意向一切可学习的对象学习，忽视彼此在年龄、阶层或名望等方面的差异。他们深知学无止境，而自己"才疏学浅"，因此总是表现得很谦逊。面对那些有一技之长的人，比如匠人或手工艺者，他们会把自己放得很低，并奉上诚挚的敬意。

如果有人因此认为自我实现者缺乏品位或群体辨别能力，那就大错特错了。我们不能将自我实现者的民主愿望与上述问题混为一谈。事实上，自我实现者所在的阶层都受过高等教育，并有一定的社会地位和社会关系，周围朋友也都如此。他们的优秀与外物无关，只关乎自身的性格、能力和才干。

即便面对一个独立的个体，自我实现者也能给予足够的尊重。这一点尤为可贵。不管对方是什么身份，哪怕是地痞流氓，他们也会给予应有的尊重，不会极尽嘲讽鄙夷之能事。

不过，这并不代表他们没有强烈的是非观。自我实现者的是非善恶意识其实非常分明。他们比普通人更不能容忍坏人坏事，也很少像普通人那样，在陷入愤怒时感到混乱、困惑、矛盾。我的研究对象们都具有很强的伦理道德感和明确的道德标准，行事稳妥，很少犯错。当然，他们的是非善恶观通常不符合传统。

如果从社会行为学的角度对这类人做出说明，那么可以说，这类人都是有信仰的，哪怕其本身是无神论者。这里必须注意的一点是，要将此"信仰"与宗教中的"信仰"以及关于超自然因素和制度传统的"信仰"区分开来。尤其是后者，否则我们对这类人的理解会出现很大的偏差。

自我实现者都很幽默，只是他们的幽默与普通人不同。

他们不会把自己的快乐建立在他人的痛苦上，也不会开一些无聊或低俗的玩笑。相比于嘲笑他人，他们更愿意嘲笑自己，但其中并没有自轻意味。以林肯为例，他的幽默就很有代表性。他的玩笑不会伤害他人，又带有隐喻，让人在心情愉悦的同时有受教之感。

自我实现者不常开玩笑，很难从他们口中听到什么含有讽刺意味的双关语、突显自己智慧的玩笑、带有鄙夷的调侃或迎合大众的滑稽之语。他们的幽默是真正的幽默，是一种经过深度思考、富有哲学意味的幽默。这种幽默不会让人开怀大笑，只会让人在领会其中深意后微微一笑。他们开的玩笑往往触及事物本质，是自然产生且难以复制的。

其实，生活中处处都可以感受到这样的幽默。不管是平凡的日子、忙碌的工作，还是远大的目标、坚持不懈的奋斗，都可以被看成是幽默的、有趣的。即便是我们的事业，虽然有其严肃性，但依然可以被视为一种快乐有趣的活动。只是不知为什么，人们已经很难看到其中的乐趣。

普通人身上常见的那些小毛病，自我实现者身上也有。他们也会做蠢事，也会马虎、浪费；他们也无法赢得所有人的喜爱，也会被讨厌、憎恶；他们也有虚荣心，也会骄傲自满；对自己的家人、朋友或者作品，也会有私心；很多时候,他们也会像普通人那样大发雷霆。

有时,他们甚至会表现得很冷漠,但他们的性格又很坚毅。所以,一旦有需要,他们就可能表现出一种远超常人的、毫无温度的理智。比如,他们可能十分迅速地从亲人离世的伤痛中恢复,或者当发现朋友背叛自己时,会毫不犹豫地放弃这段友谊,且不会表露任何痛苦。

他们对某事产生不满或陷入愤怒时,还会罔顾他人的意见和感受。例如,有位女士非常不喜欢聚会上互相引见的风俗,于是有了一些过激的言论和行为,并因此触怒了所有宾客,丝毫没有顾及聚会的主人是否会陷入难堪。他们全身心地投入某项工作或某个问题中时,也可能发生这样的事。因为此时的他们根本没有心思关注其他人。不管是平时的幽默感,还是日常遵循的社交礼仪,都被他们抛到脑后去了。这时的他们尤其不喜欢闲聊或参加聚会。为了表明这一点,他们可能说一些难听的话、做一些难看的事,根本不管是否伤害他人。

他们还可能因自身的善良而犯错。比如,出于同情和某人结婚,或者和那些神经症患者、抑郁的人交朋友。

不过,我们不能因为上述种种就认为自我实现者不怎么健康。事实上,即便是历史上那些接近完人的圣人、先贤,偶尔也会有自私、任性、无聊、灰心等表现。总而言之，我们不要对人性抱有任何幻想，这样才不至于产生幻灭感。

冷漠与疏离

我们通过研究发现，遇到困难时，安全感缺失的人常常从自身找原因，自我实现者则不会如此，他们的注意力集中在需要解决的问题上，不会过度关注自我。

每个自我实现者都有一项事业或者一些使命。这些事业或使命可能并不为他们所喜，但却占据着他们大部分的时间和精力。在他们眼中，这是自己必须承担的责任和义务。这些事业或使命通常着眼于大局，关乎整个人类、一个国家或者一个家庭中大多数人的利益。至于个人得失，往往不在他们的考虑范围之内。

我们还发现，大部分自我实现者关注的都是哲学或伦理学中那些基本而永恒的问题。他们眼界宽广，价值观宏大且能普遍适用于每个国家和每个历史阶段，不会局限于本土或眼前。从某种意义上来说，他们丝毫不逊色于那些哲学家，即便他们看起来只是个普通人。

对自我实现者来说，这种宽广的眼界、宏大的价值观会影响生活的方方面面，尤其是最重要的社会和人际关系问题。他们会以一种更从容的心态，去面对生活中的各种难题。

相比于他人对事物的看法和感受，自我实现者更相信自己对情况的判断。所以，他们遭遇不幸时不会像普通人那样情绪激动，陷入难堪时也能保持自己的尊严。大多数时候，他们都是平静和镇定的。这也让他们显现出一种"疏离"的品质。

与普通人相比，自我实现者更加客观。这一点在他们自己的事情上同样适用。因此，他们比普通人更能集中注意力。他们注意力高度集中时，就会显得对其他事或周围环境漠不关心。比如，在一些令人困扰的境况下，他们仍能沉浸在自己的世界中，并保持愉快的心情、良好的食欲和睡眠。在一些"正常人"看来，这是"冷漠"的表现。

不过，自我实现者的"冷漠"和"疏离"很难对普通人产生作用。因为在人际交往中，普通人往往有更多需要，包括安慰、夸奖、支持、爱，也包括"被需要"。所以，即便自我实现者更能适应和享受独处的时间，不需要他人陪伴，普通人为了满足自己"被需要"的渴望也会围绕在他身边。

从上述内容可以看出，自我实现者有一个很重要的特征：对物质和社会环境的相对独立性。之前说过，推动普通人前进的是匮乏性动机，推动自我实现者前进的是成长性动机。由匮乏性动机推动的人离不开他人，因为他们渴望满足的需要，不管是爱和安全，还是尊重和归属感，都来自他人。相比之下，由成长性动机推动的人则像是"自我满足者"，他们的满足感主要来源于依靠自身潜力或潜在资源获得的发展和进步，与他人和外部环境关系不大。所以，对于社会环境，自我实现者具有一种相对独立性。这种独立性令他们能更镇定和平静地面对那些困难、挫折、失败以及他人难以忍受的境况。

对自我实现者来说，能否获得美好生活和成就感，完全取决于个人内在的成长，与社会关系不大。在他们眼里，自我和内心的成长远比他人给予的荣誉、地位、赞美、支持重要。他们已经足够强大，他人的评价或感情很难对其造成影响。值得一提的是，要想从爱和尊重中获得这种相对独立，最好的方法就是从小就得到足够的爱与尊重。

自我实现者拥有很强的自主能力。在关于自我实现者的心理健康研究中，我的研究对象们都非常有主见，根据自我意志行动，不受他人支配，习惯主动出击，也能为自己的行为负责。这是一种非常重要的品质。

大部分人都做不到自我决定和自我负责。阿希①和麦克利兰②通过大规模实验推测，在所有人类中，具备自我决定能力的人可能只占5%~10%。普通人做决定时容易受很多因素的干扰，比如电视上的广告、报纸上的宣传、推销员的介绍或者父母的话等。由于缺乏主见，不能完全根据自我意志行动，他们容易感到软弱和无助，习惯抱怨，遇到问题时不做主观努力，更倾向于听从命运的安排。

---

①所罗门·阿希（1907—1996），美国社会心理学家，格式塔心理学创始人之一。——译注

②戴维·麦克利兰（1917—1998），美国行为心理学家、社会心理学家，研究动机的权威，提出了著名的"成就动机理论"。——译注

文化认同感，是个问题

　　自我实现者对文化缺乏认同感。从某种角度而言，每个自我实现者对文化都有抵制，他们的内心超脱于身处的文化环境之外。

　　自我实现者拥有健康人格，但身处的文化环境却处于"亚健康"状态，因此二者的关系十分复杂，具体表现在几个方面：

　　1.对于他们认为不太重要或无法改变的事物，比如服饰、饮食、发型或礼仪举止，自我实现者通常会遵循文化传统。他们不太看重这些次要风俗，因为它们无关于道德，也不涉及对文化的认同感。在这些方面，他们往往非常随意，甚至得过且过，以节省精力。不过一旦在某个时刻，他们觉得遵从这些风俗令其感到厌恶、烦躁，或者需要付出很高的代价，就会毫不犹豫地放弃。

2.一般情况下，自我实现者对文化都是充满耐心的，不会表露出明显的不满。即便常因一些不公正的现象感到愤怒，也不会要求文化立即改变。他们平静地关注着文化的改进，不会催促。我认为，这种态度表明，他们坚信文化会逐渐变化，并对此似乎持接纳的态度。

但是，这并不代表他们缺乏斗志。一旦时机成熟，可以快速变革，他们就很容易变身为斗志昂扬的"激进分子"——此"激进分子"与我们普遍认为的那种"激进分子"不一样——因为，自我实现者普遍具有较高的文化水平，他们中的大部分都有自己的事业，在他们看来，自己正在通过完成这些使命来改善世界。而且，他们也不反对抗争，只是更现实，不愿做无谓的抗争。可一旦情况变得极端，他们就可能放弃事业转而采取激进的社会行动。

大部分自我实现者年少时都有过激烈抗争的经历。因此，他们早就意识到事物是在不断变化的，不应对其抱有过于乐观的态度。所以，激烈的抗争后，他们往往会归于平静，在享受生活的同时，以一种接纳、平和而令人愉悦的态度看待文化的改变。当然，他们仍会为了改善文化而努力，但不会再进行没有太多实际作用的抗争，而是将其当成平日里的工作，试图从内部对文化进行改善。

3.自我实现者对文化有一种疏离感。比如，在研究讨论美国文化整体或将其与他种文化做比较时，他们并不会因为这是自己的文化而有所偏爱。事实上，他们更像一个旁观者，对文化缺乏认同感。面对自己的文化时，他们的态度是复杂的，有喜爱、赞同，也有憎恶、批判。这就导致他们会从文化中吸取自己认为好的、有用的东西，而舍弃坏的、无用的。简单来说就是，他们会对文化进行分析、评论，然后做出自己的决定。自我实现者对他人的疏离以及对隐私的保护也是对文化缺乏认同感的一种表现。总而言之，对于常规和习俗，自我实现者的需要远低于平均水平。

4.自我实现者有自我的法则，对社会规则依赖小。从这个角度来看，他们不单单是美国人，更是人类的一员。如果将自我实现者与深受社会文化、规则影响，已过度社会化、模式化的人相比，我们不得不做出一种假设：自我实现者这个群体不只是简单的对主文化缺乏认同，而是要更加开放，也没有过度社会化。这就代表，如果将他们对社会文化的接纳程度进行量化，就会发现自我实现者存在于一个对文化相对接纳到相对疏离的连续统上。也就是说，自我实现者不是完全接纳文化，也不是完全疏离文化，而是在两者的范围内连续取值。如果这种假设能够成立，我们就可由此推论：对文化缺乏认同感、超脱于外的群体，无论来自何种文化，都不具备强烈的民族性，但这些人彼此间却十分相像。

总的来说，自我实现者一方面遵从自我，一方面对环境保持接纳，企图协调这两种态度以适应社会。这种方式要想不出什么问题，前提是文化环境能够容忍他们对文化的疏离态度。这当然不符合理想的健康状态。社会文化显然是不完美的。我们的研究对象仍会感到压抑和束缚，不能将自己的所思所想完全表达出来。自发性因此被削弱，某些潜能也无法实现。受这种不完美文化的影响，能够达到健康状态的人寥寥无几。他们因此在同类中显出几分孤独，也因此似乎不够自觉，算不上名副其实的自我实现者。

人格越完善，心理矛盾越少

因为接纳，所以放松

　　面对未知事物时，拥有健康人格的研究对象比一般人更容易接纳和适应。他们对未知事物的兴趣远大于已知事物。在他们眼里，模糊混乱的东西反而更具吸引力，就像爱因斯坦说的："一切艺术和科学都源于未知，它是我能感受到的最美的东西。"

　　我的研究对象都具有较高的科学文化水平，由此可以推论，对未知事物的兴趣可能和智力有关。但是，我们也不能忽略一个事实：有些科学家即便聪明绝顶，但由于自身的性格缺陷，如怯懦、保守、焦虑等，他们还是不愿意与未知事物打交道。他们的注意力都在已知事物上，只愿意利用各种方法，如打磨、修整、归类等，去和这些事物打交道。可以说，他们肩负着发现未知事物的使命，却因自身的性格缺陷而无法完成它。

倘若是一个拥有健康人格的人，就不会觉得未知可怕。他们的安全需要、归属与爱需要、尊重需要、认可需要都得到了满足，不会因那些想象出来的危险而惶恐不安。面对未知，他们不会刻意忽视，也不会否认和逃避，更不会自欺欺人，把未知事物当成是已知的。他们会慎重地对待，不会盲目地将未知事物分类。他们也能清醒地看待已知事物，不会陷入其中难以自拔。他们追求真相不是为了满足自己对于安全、秩序、清晰的渴望，更不是像戈德斯坦①所研究的脑损伤患者那样，为了回避焦虑和恐慌。只要客观情况需要，他们可以从容面对一切，即便那些东西是混乱的、模糊的、似是而非的。所以，对大多数人而言是折磨、模棱两可或困惑的东西，在某些人眼里反而是一种令人兴奋的挑战。

很多人经常会因为一些事感到内疚、羞耻或者焦虑，哪怕这根本没有必要。反观那些自我实现者，他们很少烦恼、懊悔或抱怨，而是更善于接纳自我。他们能够接受自己的天

---

①科特·戈德斯坦（1878—1965），美籍德裔神经病学家、精神病学家，机体论心理学的主要创始者，人本主义心理学的先驱。他观察到，当脑损伤患者被逼着去执行某项任务时，即便这项任务无法完成，他们也会坚持去做，以回避和防止他们可能会感到的恐慌和焦虑。这种恐慌和焦虑被戈德斯坦称为"灾祸性反应"。——译注

性，哪怕它们不完美，或者与自己的理想形象并不相符。他们能够坚定地接受它，不会为此担忧。有人可能觉得这是一种自负，其实并非如此。面对人性的缺陷、不堪、残暴和罪恶，他们同样能够泰然处之，以一种平静而坚定的态度去接受，就像接受大自然那样。水是潮湿的，石头是坚硬的，树木是碧绿的，他们接受这一切，不会因此产生任何抱怨。

自我实现者像孩子一样拥有一双"纯真无瑕的眼睛"，他们看待自我和他人就像孩子注视世界那样，看到的只是事情本身，并不会去争论或抱怨事情为什么是那样的。也就是说，与普通人相比，自我实现者更能认清现实。他们能够看到并接受现实本来的样子，而不是像很多人那样，对现实进行塑造或加工，让它成为自己想象中的样子。

自我实现者对自我的接纳最明显的体现是，接受自己的动物性，包括食欲、睡眠以及对性的渴望等。在这些方面，自我实现者作为人群中的"优等动物"往往有着浓厚的兴趣。他们不会压抑这种冲动，而是会接纳这些低层次的欲望。不仅如此，在其他更高的层次，比如安全、归属与爱、尊重、荣誉等，他们也能做到自我接纳。总之，他们接受大自然安排的一切，不会因为与他想象的不同而产生抱怨。

自我实现者能够接纳自己，所以不会为了保护自己而进行一些防御性的伪装，也不会为了吸引他人的注意而装腔作势。同样，他们也不希望别人如此。在他们眼里，每个人都是不同的，那些所谓的缺点很多时候只是一些个人特色，没有好坏之分。

自我实现者不是没有内疚、羞愧、焦虑、难过和后悔等感受，只是他们接受一切现实，包括性冲动、排泄、怀孕、月经、衰老等动物性过程，不会因此产生不必要的内疚或羞愧。一般情况下，能够令他们感到内疚、羞愧、焦虑和难过的有：懒惰、粗心、暴躁、伤害别人等这些可以改善的缺点，心理上难以根除的偏见和嫉妒，能够产生重要影响的习惯，他们认同的有关物种、文化或群体的各种缺陷，以及现在与未来和理想之间的差距。

当工作成为使命

　　每个自我实现者都有一项事业，无一例外。他们将自己所有心思都投入这项事业中，珍视它，将它视为自己的使命、天职，甚至是宿命。他们对这项事业充满热爱，就好像他本来就是为这项事业而生的。他与这项事业是如此般配、和谐，仿佛这项事业就是为他量身定做的。在最完美的状态下，他们之间就像钥匙和锁头一样吻合。

　　换句话说，他是全世界最适合做这项工作的人，而这项工作也与他的才能、品位最为匹配，是最适合他的工作。我们在接受了这种观点，并且感知到它时，就将话题纳入了存在领域（Being realm）和超越领域。用存在语言来说，这种人已经完全超越了工作和娱乐的二分问题。也就是说，在这种人眼里，工作等同于娱乐。对他来说，工作就是娱乐，娱乐就是工作。他热爱工作，并享受其中。他因工作感到快乐，这是世界上任何其他活动都无法做到的。他迫切地想要投身于工作中。如果在工作的过程中不幸被打断，他会希望尽快回归。显然，对这样的他来说，工作并不是一件不得不做的事，也不是一件辛苦难办的事。

在这种情况下，该如何解读"假期"这个词呢？对大多数人来说，"假期"就意味着我们可以按自己的意愿选择要做的事，暂时放下对他人的义务。而对超越了工作和娱乐二分法的人来说，"假期"就代表他们可以全身心地投入到自己热爱的"工作"中，并为此感到快乐。显然，对他们来说，"假期"与日常生活并没有什么不同。

此时又该如何解读"酬劳"呢？无论对谁来说，能够从事自己喜欢的工作并从中获得报酬，都是一件非常美好和值得庆幸的事。我的研究对象们大部分都是这种幸运儿。对他们来说，金钱报酬是必需的，也是他们乐于接受的，但并不是他们工作的最终目的。在他们的酬劳里，金钱只占据很小一部分。对他们而言，工作本身就是一种奖励。从存在层面解读这句话就是，对他们而言，工作本身蕴藏的内在价值才是最重要的报酬，金钱只是附带品。

这与大多数人的情况有很大区别。对大多数人来说，工作最重要的目的就是获取金钱。为了达到这个目的，他们不惜做一些自己不喜欢的工作。而他们如此看重金钱，是因为它能换来他们喜欢的东西。显然，金钱在存在领域和缺失领域（Deficiency realm）扮演着完全不同的角色。

当你询问一个热爱工作的自我实现者"我是谁"时，他通常会用自己的职业来回答。他会告诉你，"我"是一个律师、医生或母亲。这种回答意味着，他对自己的职业有强烈的认同感。对他来说，职业就等同于他的身份和自我，是他的标签，也是一种可以用来定义他的特征。

他们很难想象，自己如果不从事这一职业还能做什么。当你询问他"如果不是律师，那么你会是什么"时，他们的反应通常是茫然的、困惑的、无所适从的。似乎对他们来说，如果不是律师，他也就不是他了。

由此，我们可以得出一个结论：自我实现者对他们热爱的工作有强烈的认同感——向内投射——会将其视为一种可以定义自我的特征。对他们来说，工作是自我的一部分，不可分割。

亲社会，但只与精心挑选的朋友深入交往

对于人类，自我实现者有一种深刻的认同感和亲切感。用阿尔弗雷德·阿德勒①的话说就是"亲社会"。一般情况下，他们能友好而耐心地对待每个人，尤其是孩子。他们喜欢孩子，也容易被孩子感动。从某种特殊的角度来说，他们热爱全人类，或者说对其充满怜惜。因此，他们愿意帮助全人类，就像帮助自己的家人那样，哪怕这些家人有时表现得懦弱又愚蠢。

与普通人相比，无论是在思想和情感上，还是在动机和行为上，自我实现者都有很大不同。他们对人类的这种认同感很难被没有宏大视角和长远观念的人看到。所以有时候，

---

①阿尔弗雷德·阿德勒（1870—1937），奥地利精神病学家，人本主义心理学先驱，个体心理学创始人。——译注

他们看起来就像个异客或外星人，独立于众人之外，不为人所了解。面对普通人的各种缺点，他们经常感到悲哀、愤慨，甚至怒不可遏。可即便如此，他们依然无法忽视与这些人之间存在的某种最基础的潜在亲缘关系。他们很清楚，就算自己没有更高的地位，也能比一般人做得更好，他人看不到、看不清的东西对他们来说一目了然。用阿德勒的话说，这就是过去的那种"兄弟做派"。

不过，自我实现者对人类的认同并非不带一点轻视。他们也会直截了当地督促那些咎由自取的人，特别是那种喜欢吹嘘、轻浮、虚伪或自以为是的人。不过，自我实现者并不会经常斥责或贬低这种人，哪怕天天和他们在一起。通常，他们会这样说："大多数人都不会竭尽全力，因此很难有过高的价值。虽然他们经常做一些蠢事，但动机往往是好的。为何会落到这步田地，他们自己也不清楚。平庸的人常常因此陷入痛苦。所以，我们不应贬斥他们，而应抱有同情。"

总的来说，自我实现者敌视他人要么是此人咎由自取，要么是攻击者或他人的利益导致。就像弗洛姆①说的，自我实现者对他人的敌意通常是被动的，或是环境导致的，与他

①埃里希·弗洛姆（1900—1980），美籍德国犹太人，人本主义哲学家、精神分析心理学家。——译注

本身的个性无关。

在关于自我实现者的心理健康研究中，我还发现所有研究对象都有一个特点，即由于"亲社会"的品质，他们会吸引一批人靠近，崇拜或追随他们。但是，他们很难与这些人建立牢固的关系，因为这些人想要的通常多于自我实现者愿意给予的，而他们付出的往往又超过自我实现者愿意承受的。双方刚建立关系时，自我实现者往往心情愉快、态度友好，但随着时间推移，他们会感到尴尬、苦恼甚至厌烦，直至最后以一种体面的姿态回避开。

其实，自我实现者的人际关系有自己的特点。由于他们待人友好，乐于接纳、认同、帮助他人，他们的人际关系要比其他成年人更加深刻。通过观察，我发现自我实现者的人际交往对象通常非常健康，高于平均水平，而且更接近自我实现的状态。要知道，整个人类中也没有多少自我实现者，可见他们的人际交往对象必然是千挑万选出来的。这就导致自我实现者不会有太多朋友。

事实上，能与他们建立深刻友谊的人屈指可数。毕竟，很少有人愿意花费大量时间、心力去不断维持和加深一段友谊。正如我的一位研究对象说的："我没那么多时间交很多朋友。其实，无论对谁来说，想要交很多真心朋友，时间都是不够的。"当然，也有例外。我的研究对象中就有一位女士极善社交，她似乎和认识的所有人都保持着密切而友好的关系。这可能是因为她没什么正式工作，受的教育也有限。在她眼里，交朋友好像就是她的使命。

自我实现者的特征——二元消解

我们在研究自我实现者的心理健康时发现，这些高度成熟、健康的人类通常既自私又无私，既个人又社会，既理性又感性。也就是说，他们身上呈现出一种强烈的二元消解倾向。

现在，这种倾向又表现在对事物进行充分认知时。我发现，对事物了解得越全面，对矛盾、对立、不一致的情况，以及对这种情况的感知，忍耐度就越高。就好像二元对立的情况只存在于片面认知中，一旦全面认知，对立情况就会消解。比如，在治疗神经症患者时,如果我们能充分认知他,就可以理解和接受他的一切,包括那些冲突、对立、分裂,会将这些症状视为一种必然，甚至是驱使个体走向健康的力量。

通过对自我实现者心理健康的研究，我们得出一个非常重要的结论：只有在不太健康的人群中才会出现"非白即黑、非此即彼、非对即错、非善即恶"这种二元性特质。在健康人群中，这种二元性、两极性消解了，事物的内在对立性逐渐融合为一体。

拥有健康人格的自我实现者言行如一，所以其头脑、意识、内心或本能中一直被视为对立的范畴消失了。这些对立面不再彼此矛盾，而是开始互相协作。概括来说，对健康人群而言，欲望和理性是和谐统一的，健康的人格令他们可以完全信任自己的冲动。

健康人格者的每种行为从原则上看都是自私的，同时也是无私的，所以自私与无私的二元对立在他们身上消失了。对他们来说，承担责任是件快乐的事，努力工作等同娱乐，所以责任和快乐、工作和娱乐的矛盾、对立也消失了。当最有社会责任感的人也最强调个人独立，最成熟的人也最孩子气，最保守的人也最性感，最善良的人也最冷漠，最严肃的人也最幽默时……两极性就不再有任何意义。

自我实现者是如何解决二分问题的？我被这个问题困扰了很多年，现在终于开始理解了。在某种意义上，自我实现者既是自私的，又是无私的。也就是说，在他们身上，自私和无私融合为一个统一体。这让我意识到，二元对立的情况似乎只发生在那些人格发展水平较低的人身上。在自我实现者身上，很多二分问题都呈融合之态。比如，认知和意动、本能和理性，都从对立转向融合。还有责任和趣味、工作和娱乐、利己和利他，都模糊了区别，渐渐融为一体。他们既是最成熟的人，也是最天真的人；既是最自我的人，又是最无我的人。

那些伟大的艺术家不也在做相同的事吗，他们将各种不和谐的色彩、形式结合为一个统一体。还有那些理论家、政治家、哲学家、心理治疗师，其实都在做同样的事，即将不和谐的、对立的、矛盾的东西整合为一个统一体。

显然，这是一种非常重要的能力，能对个体内部进行整合，并不断调整整合的结果，也能对一切外部事物进行整合。对个体来说，他的内在越整合，其创造性就越具有建设性、概括性、统一性和整体性。

为什么会这样呢？我思考这个问题时发现，这一切都与我的研究对象能够进入一种相对无畏的状态有很大关系。显而易见，他们对文化没有那么强烈的认同感。这就意味着，他们并不太在意他人，不管这个人说了什么、有什么要求。他们不依赖别人，也不害怕别人。更重要的是，他们更能接纳自我。无论自己有什么样的想法、欲望、冲动，他们都不会感到害怕，而是能坦然接受。他们认可和接纳深层自我，因而更容易感知到真实的自然世界，同时也更具自发性。行动时，他们不会有那么多约束和控制，也不会有那么多预想和安排。即便是出现一些奇怪、荒谬的念头，他们也不会担心。面对他人的嘲讽和否定，他们也能毫不在意，只沉醉在自己的情绪中。普通人和神经症患者则不会如此。因为恐惧，他们会将这些东西隔绝开。他们控制自己，压抑自己，否定自己。甚至在他们眼里，所有人都是这样的。

由于更能接纳自己，所以与普通人相比，我的研究对象具有更强的整合性。他们的创造力似乎就来源于此。普通人心里有两股力量：深层自我的力量和防御、控制的力量。这两股力量不停交战，造成分裂。在我的研究对象身上，这种情况似乎解决了。因此，他们的分裂程度很低，更整合。这意味着，他们可以更好地实现自我，把更多的时间和精力投入创造中，而不是浪费在自我对抗上。高峰体验本身就是一种整合的体验。因此，可作为这些结论的最好证明。

自我实现者的性与爱

健康的爱情关系是怎样的

什么是爱情？我们只能凭主观感觉对它进行描述。爱情是一种温柔、亲切的感觉，身处其中会有极大的满足感，会觉得开心、甜蜜，甚至心花怒放。

陷入爱情的两人会渴望更亲密的接触，想要抚摸、拥抱对方。在爱人者眼里，被爱者无一处不美，与之一起就会快乐，与之分离就会痛苦。对爱人者来说，被爱者具有强大的吸引力，他的注意力都在对方身上，对其他人的关注减弱。他恨不得每时每刻都和对方在一起，当自己有了愉快的体验时就想立即分享给对方。

爱情还会唤醒性欲。当和被爱者在一起时，爱人者会产生明显的生理反应，最直接的表现就是生殖器官的变化。不过，性并不是爱的必要条件，很多老年人是有爱无性的。

相爱的两人不仅渴望生理上的亲密，也渴望心灵上的亲密。比如，他们会设计一些只有彼此明白的手势、昵称等。他们渴望彼此了解，坦诚相见，似乎这样才能拉近彼此心灵上的距离。

他们还会一心为对方付出，并乐在其中。有时，他们会将这种付出幻想成为所爱之人做出的巨大牺牲。不过，自我实现者不会如此，他们的爱情是最为纯粹的"存在之爱"。他们愿意为爱情付出，且不含任何目的，不会像某些女大学生那样，存在"我不能太投入，要掌握主动权"这种顾虑。

自我实现者的爱情有一个明显特征，即焦虑的消除。这是所有爱情关系的特征之一，只不过在自我实现者身上表现得更为明显。在健康的爱情关系中，自我实现者的自发性会越来越完善，防御心理、因亲密关系感到的约束，以及无法同时胜任爱与被爱两种角色的情况会越来越少。因此，遇到问题时很容易就能解决，不会产生过多的焦虑。

随着时间延长，双方的关系会变得越来越亲密和坦诚。在这段关系里，每个人都可以做真实的自己，不需要任何掩饰。彼此能够容忍对方的任何错误、缺陷。很难在一段健康的爱情关系中保持最好的一面。在这样的关系中，两人的缺点和喜好都暴露无遗。彼此间没有秘密，很难保持神秘感。

这种完全卸下防备的状态似乎不符合传统的、关于爱情关系的那些理论。

事实上，我们通过相关材料发现，自我实现者的爱情与传统爱情理论有许多相悖之处。比如，西奥多·莱克认为好的爱情具有排他性，且要求彼此忠诚，但我和自我实现者并不认同这种观点。又比如，传统理论认为两性关系十分复杂，总是充满敌意和猜忌，但自我实现者似乎并不是这样。还有，传统理论认为两人相爱后，随着时间延长，爱与性的质量和满足感会减弱，不得不想一些新的招数来吸引对方。这对大多数人有效，来自伴侣的新鲜感确实会令其感到兴奋，但对自我实现者来说，反而是与伴侣越熟悉越容易得到满足。

具体说来，在自我实现者的健康爱情关系里，双方都卸下了对彼此的防御，自发性、亲密感和坦诚度都大幅增长，一切遵从本心，自然而然。两人心心相印，白头偕老，彼此的关系因此越发深入和紧密。

对自我实现者来说，健康的爱情关系能最大程度地解除他们的防御，激发他们的天性和自发性，并且不会对他们的伴侣造成任何威胁。这让他们感到非常满足。而且，他们在这样的关系里感到从容和自在，因为无须任何防备、掩饰，也不会感到过多的压力和束缚。据我的研究对象说，没人要求或期望他们做什么，他们可以做真正的自己，怎样想的就怎样说、怎样做，不用担心会因此失去安全和对方的爱。罗杰斯认为这是真正的"被爱"，也就是"被他人高度理解和接纳"。

在对自我实现者的心理健康研究中，所有材料都指向这样一个结论：不管是爱还是被爱，都能促进心理健康。而且临床观察发现，自我实现者拥有爱人和被爱的能力。就是说，他们知道该怎样去爱一个人，也能够轻松、自然、不带任何纠结和疑虑地去做这件事。

对自我实现者来说，爱不是喜欢，不是友爱，更不是仁爱，它是一种强烈的感觉，表达时要慎重，不能与友好、温暖或无私的感受混为一谈。

埃里希·弗洛姆在所著《为自己的人》一书中对爱做了明确定义，他说："真正的爱是一种生产力的表达，代表着关心、尊重、责任和知识，根植于自己爱他人的能力，不会受他人'依恋'的影响。"他还说："对相爱的两人来说，在原则上，爱是不可分割的。为了爱人的成长和幸福，他们愿意做出积极的努力。"这句话体现了健康爱情关系的一个重要方面，即需要认同。

　　具体来说，相爱的两个人会感受到对方的需要，并将其当成自己的需要。这样一来，两个人在心理上就变成了一个人，你中有我，我中有你。

　　这种需要认同在社会普遍认可的价值观念上通常表现为承担责任、关心和照顾他人。比如，在一段好的婚姻关系中，不管谁生病，都是两个人的事，另一方会主动承担责任，照顾和保护生病的一方，而生病者也不会因身处弱势就担心被抛弃。反之，在一段糟糕的婚姻关系中，疾病会给男女双方带来很大压力。男方如果因此认为女性魅力大减，甚至将其视为拖累，这无疑是一场悲剧。

　　每个人都是独立的个体，都被封闭在自己的躯壳中。所以，我们永远不可能像了解自己一样地去了解另一个人。但是，当两个人相爱并建立起一种健康的爱情关系时，他们之间不可逾越的鸿沟就被弥合了。可以说，健康的爱情关系是弥合两人差异的最好的灵丹妙药。

真正的爱，无所求

我们非常深刻和纯粹地爱着一个人时，就会无所求，会将对方视为目的，而不是达到目的的手段或工具。例如，我们爱一棵苹果树，爱的是这棵树本身的样子。它只要按照自身内在的规律生长，我们就很高兴了。我们不会对它进行干预，那样只会损害它。在我们的眼里，它是完美的。我们只需小心翼翼地爱护着它，无须对它进行任何改善。如果我们总有改善的念头，那只能说明它在我们眼里并不够完美。

什么是真正的爱？至少在我看来，它应该是无所求的、不干预的。对方的存在本身就已经是一件令人高兴的事。因此，面对他时，我们没有任何目的、谋算或自私的想法。这意味着，这种爱里人为的、按照自身意愿强行塑造或组织的东西较少。换句话说，对方在这种爱里就保持着自己本来的样子，更完整和统一，基本没有被改造，也很少被按照某种标准评判，比如重不重要、有没有用、好不好、有无价值等。对方被视为独一无二的存在，没有被归入哪个类别。

这代表对方的一切，不管是核心还是外围，重要的还是不重要的，都得到了同样的关注。他的每一部分都是有趣的、美好的。不管是对伴侣还是孩子，对一幅画还是一朵花，都能够产生存在之爱。在这种爱里，我们会全身心地爱护和关注着对方。在这种状态下，哪怕是对方的一些小缺点，也是可爱迷人的，是他与众不同的地方。正是因为有了这些不起眼的、不涉及本质的小缺点，他才是他，有别于任何人。

显然，存在之爱者具有更敏锐的观察力，能看到很多别人会忽略的细节。他们能轻而易举地看到对方真实的样子，并温柔、愉悦地接纳。这种观察通常都是被动的，是顺应自然的，不带任何比较和评判。也就是说，在存在认知的状态下，它在人们眼中的形态似乎完全由它本身的形态所决定，而不是按照认知者的意愿。就好像黏土本身是没有形状的，雕刻家对它的雕刻都是基于某种模型。

在关于自我实现者心理健康的研究中，我们发现自我实现者具有敏锐的洞察力。在爱情关系中，这种能力体现在对伴侣的选择上。通过随机抽样对比，我们发现绝大部分自我实现者的伴侣都很优秀。虽然不一定达到自我实现水平，但远高于平均水准。这说明，在对伴侣的选择上，自我实现者拥有很好的品位。

当然，这其中也存在例外。我的研究对象中就有好几位是出于同情而结婚，而不是平等的爱情，还有人因为某些原因娶了比他小很多的女人。这说明自我实现者也不是完美的，他们也有虚荣心和自己的弱点，他们对伴侣的品位虽高于一般人，但也不是完美无缺的。

自我实现者不会像普通人那样过高地评价自己的伴侣，但他们在爱情里会表现出更加敏锐的感知，能够看到伴侣身上不易被人察觉的品质。因此，他们很容易爱上一些不为常人所喜，在身体、样貌、经济、教育等方面有缺点的人。他们不是看不到那些缺点，而是不在意或者不认为那是缺点。

然而，如果是对方的性格方面存在缺陷，自我实现者通常会慎重考虑。我曾通过观察几位相对健康的大学生发现，他们越成熟，越不容易被一些外部特征所吸引。也就是说，对他们而言，美丽或英俊的样貌、性感或健壮的身材、高超的舞蹈技巧等，远没有善良、友好、体贴的品格吸引人。我在一位年轻男性身上发现，随着年龄的增长，能够吸引他的异性越来越少。最开始时，他好像对所有女性都感兴趣，择偶标准也完全是根据生理特征，他不喜欢太胖或太高的女孩。而现在，他选择配偶的标准都与性格方面有关。我相信，这种变化不仅和年龄的增长有关，还和健康程度的提高有关。

在自我实现者身上，理智与冲动、头脑与心灵的二元对立消解了。因此，他们选择配偶时，既有理性的分析，也有感性的冲动、直觉。在他们身上，理性和感性不是针锋相对，而是互相协调、步调统一。

爱与独立

　　自我实现者的爱情是一种健康的爱，其中明确体现了对他人个性和人格的肯定，以及发自内心的尊重。他们不会将爱人的成就视作威胁，只会为之感到高兴和自豪。他们生动地诠释了奥弗斯特里特的话："爱不是占有，而是对爱人的肯定。这代表着愿意全身心地投入，肯定爱人独特的个性。"弗洛姆也说："爱不是在另一个人身上寻找自我，而是发自内心地肯定彼此。"

　　好的爱情就是肯定和尊重对方，也就是承认对方是一个独立自主的个体。自我实现者尊重每一个人，不会控制或利用他人，也不会忽视他人的意愿。对于值得尊重的人，他们始终保持谦逊，不会有任何羞辱或轻慢。哪怕是对孩子，他们也同样如此。

　　不过，这种尊重有时也会带来麻烦。比如，不管是过去还是现在，人们都习惯"女士优先"，当女士进屋时主动起身迎接，当女士落座时主动拉开椅子，表面看这似乎是对女性的尊重，其实暗藏着对女性的轻视，似乎女性天生就是软弱的，就需要被这样呵护。而自我实现的男性，由于是真正发自内心地尊重女性，将她们视为平等的朋友、完整的个体，所以在行为上会显得更自然、随意，甚至有些失礼。这就给了一些人理由，对他们大加指责，说他们不尊重女性。

　　健康的爱情关系中不只有肯定和尊重，还有发自内心的欣赏。这种欣赏没有任何目的，也不要求任何回报，就像欣赏一幅美丽的画，我们全身心地沉浸其中，自然而然地生出一种敬畏和享受。显然，这种欣赏是被动的，我们只是顺应自然地悦纳它带来的一切，而不是主动去强求它必须产生何种体验。对自我实现者来说，爱和欣赏的目的就是其本身。他们就像一个不带任何立场的孩子，单纯地去爱、去欣赏，由此带来的任何体验，他们都愉悦地接受，不抱怨、不强求。因为他们很清楚，这些体验本身就是一种奖赏。其实，每个人都可以做到无所求的欣赏。比如，我们欣赏一幅画、一朵花、一只鸟，并不会非要将它们占为己有。

　　爱情确实能带来很多美好的体验，但这并不代表这些体验就是爱情的驱动力，至少对自我实现者来说是这样的。他们不会为了得到这些美好的体验而坠入爱河，他们的爱情很简单，就是单纯地受到了对方的吸引。就好像第一次听到一首伟大的乐章，满心欢喜，沉醉其中，无法自拔。正如霍妮①所说："他们将爱情视为目标，而非达到目标的手段。"他们的终极体验就是爱情本身，是其本身带来的享受和愉悦。

这与普通人有很大不同。普通人建立爱情关系大多是受爱情需要的驱使。由于从小没有得到足够的爱，他们不得不通过和他人建立爱情关系的方法，来弥补自己对爱的需要和渴望。因此，他们的爱情里总是充满试探、挣扎和焦虑。然而，自我实现者不是这样的，他们的低层次需要，比如安全需要、归属与爱需要、尊重需要，已经得到基本满足，并没有需要弥补的地方，他们坠入爱河纯粹是天性使然，就好像玫瑰盛开后会散发幽香一样。这种天性的流露正如身心的自然发育，不需要任何动力。他们的爱情里也不存在什么试探和挣扎。

之前我们说过，在一定程度上，自我实现者始终保持着

①卡伦·霍妮（1885—1952），德裔美国心理学家、精神病学家，新弗洛伊德主义的代表人物之一。——译注

84

独立自主，并超脱于文化环境之外。表面看来，这似乎与他们在爱情中表现出的认同、包容互相矛盾，其实并非如此。自我实现者身上独立、超脱的倾向并不妨碍他们与他人建立深刻的联系。在自我实现者身上，既有个人主义也有利他主义，既有个体性也有社会性。也就是说，这些品质在自我实现者身上合为一体，不再呈二元对立。

自我实现者的利己并非自私。事实上，他们可以做出牺牲，但前提是要有充分的理由。在一段健康的爱情关系里，这可以被解读为对自己和他人的尊重。比如，普通恋人经常会怀疑彼此的感情，常常纠结"他爱不爱我，需不需要我"这样的问题，但自我实现者不会，他们对彼此的感情非常确信，所以在一起时可以亲密无间，因一些必要情况分开时，关系也不会崩坏。他们能够接受短暂或长期的分离，因为即便是在最浓情蜜意的时候，他们也保持着自我独立。他们一边享受爱情的美好，一边也在按自己的标准继续生活。

这与传统文化中对理想爱情的定义有很大不同。人们习惯性地认为，理想的爱情就是两个个体的完全融合，他们放弃自己的个性，在爱情里水乳交融。这话没什么不对，但显然不适用于自我实现者的爱情。对自我实现者来说，他们的个性在爱情中非但没被舍弃，反而得到了强化。虽然在某种意义上，两个自我也有一定程度的融合，但在另一种意义上却依然保持着独立自主。

性爱只是一种愉悦，并无其他

自我实现者的性与爱是完美融合的。性与爱原本是两个独立的概念，但在自我实现者身上，二者间障碍被不断消解，变得越来越紧密。他们不会为了性而性，如果没有爱，宁愿不发生性行为。

有时候，自我实现者能通过性高潮获得一种极为强烈和愉悦的体验。我的几位研究对象曾将其描述为"雄壮、美丽，持续不断""极度美好，因而显得不真实"等。据他们所说，一般情况下，这种体验还会伴随一种难以掌控的巨大能量。

对自我实现者来说，性高潮很重要，因为那能给他们带来愉悦的体验，令其感到享受和满足，同时又不太重要，因为他们已经实现了较高层次的需要，也就是爱的需要，对低层次的需要已经没有那么迫切。所以，他们不会刻意去寻求这种享受，有则全身心投入，没有也没关系。就好像食物，他们可以享受美食，但并不会让它在生活中占据太重要的地位。他们很清楚，只有在低层次需要得到满足时，才能去追求高层次需要。同时他们也明白，追求高层次需要只需"基本满足"低层次需要，无须"完全满足"。因此，一旦低层次需要得到基本满足，他们就不会过多关注了。

通过自我实现者对性爱的这种态度，我们可以延伸出另一个事实，即性高潮偶尔确实能带来神秘体验，但在平时的生活中，这种体验并不占据重要地位。换句话说，在性生活中，自我实现者获得的快感并不总是那么强烈。这其实并不奇怪。要知道，自我实现者虽然一直在追求高层次需要，但其本身并不能保证始终生活在这种需要之上。对他们来说，性爱是一种令人兴奋、愉悦的奇妙体验，他们以一种温柔、轻松的心态乐在其中，并不追求极致强烈、极致欢愉的感受。尤其当他们身心疲倦时，性行为可能会更加温和。

自我实现者的性与爱也表现为对自我和他人的悦纳。这种悦纳程度远高于普通人。比如，在受到他人吸引时，普通人往往不敢承认、闪烁其词，而自我实现者要坦诚得多，尽管他们出轨的可能性很低。据我所知，他们通常能与异性保持友好的关系。因此，他们很容易接受一件事，即自己对他人有吸引力。当然，一般情况下，他们不会故意去做一些事，以吸引他人喜爱的目光。此外，与普通人相比，在对性爱的谈论上，他们也更为随意自由，有时甚至语出惊人。而他们之所以能充分享受性生活，正是因为这种对性的悦纳。

对自我实现者来说，当他们拥有了一段健康的爱情关系，随着时间的增长，关系不断深入和发展，其带来的满足感似乎能令他们不再受婚外情的诱惑。也就是说，爱情关系越令人满足，越没必要出轨。

在性与爱或其他方面，自我实现者没有为男女设计固定角色。比如要求男人必须是主动的，女人必须是被动的；男人在性爱中要处于上体位，女人要处于下体位；男人可以主动亲吻女人，女人只能被动承受；男人可以调笑，女人只能被调笑等。对自我实现者来说，他们在性爱中既可以承担男性角色，也可以承担女性角色。不管是主动还是被动，上体位还是下体位，亲吻还是被亲吻，调笑还是被调笑，对他们来说都不是问题，都自有其趣味。

这可能是因为自我实现者对自身的性别十分肯定，所以不介意在性爱中承担一些异性的角色。由此可见，对拥有健康人格的男性来说，自身带有的一些女性化智慧、能力、才干是有其独特魅力的，只有那些心理不健康的男性才会将其视为一种威胁。

自我实现者能从性爱中获得极大享受，他们将其视为一种快乐的游戏，而不是繁衍的任务或负担。我认为，他们对性爱的理解更接近其本质。性爱本质上就是一种愉悦和享受。对自我实现者来说，他们可以从性爱中获得极为愉快的体验，但这种体验并非独一无二，从日常的玩耍娱乐中同样能够获得。

自我实现的方式

八条途径

途径一：专心做事，达到"无我"状态。自我越充盈，我们越会忘记自己。这种生动的体验中，不存在青春期那种自我意识。此时，个人完全是个人。我相信每个人都有过这样的体验。咨询师的任务就是帮助咨询者获得更多这样的体验，希望他们可以忘记那些防备、伪装和羞涩，鼓励他们专心致志地投入某事，从而达成某种目的。此时，从旁观者的角度就会发现，这是一个非常美妙的时刻。那些年轻人全情投入地做某事时，身上的固执老成不见了，反而恢复了某种童年才有的单纯和天真。要想获得这种体验，最重要的就是"无我"。现在的年轻人很难做到这一点，因为他们的自我意识和自我觉知都太强。

途径二：接连不断地前进。自我实现是一个接连不断的过程。要把生活当成一个不断选择的过程，当中的每个选择都有不同的选项。我们可能为了保护自己选择退让、逃避，也可能鼓起勇气选择面对或前进。如果每次都选择后者，并从中获得成长，那我们就会不断向自我实现趋近。

途径三：倾听内心的渴望。自我实现离不开"自我"。我以前说"倾听内心的渴望"就是在强调"自我"。大部分时间，我们听不到自己的声音，尤其是孩子和年轻人。我们听到的是父母的声音，是传统或权威的声音。

找到"自我"是自我实现的第一步。比如，品尝一杯酒时，我建议你闭上眼睛，摒弃外界的干扰，包括酒瓶商标上的那些信息，只听从自己的内心，然后说出自己是否喜欢它。此时，我们可能得到一个与平时完全不同的结论。我曾在一次宴会上夸赞一瓶苏格兰酒，可实际上我并不了解这种酒，我知道的一切不是来自酒瓶商标，就是来自电视广告。要想实现"自我"，就不能再做出这类愚蠢之举。

途径四：坦诚地表达出疑虑，而不是隐藏它。作为咨询师，我们了解到，咨询者通常很难诚实地说出自己的疑问，因为不愿承担内心答案带来的责任。在传统教育中，关于责任的问题很少，但在心理治疗中，这几乎是本质问题。对自我实现来说，承担责任是非常重要的一步。可以说，每次承担责任都是一次自我的实现。

途径五：不要胆怯，勇敢地表达出自己的真实看法。面对一些令人迷惑的艺术作品，很少有人敢说"我不明白这幅画表达了什么"或者"我得好好想一想这些音乐是怎么回事"。为什么会这样？因为大部分人都习惯随大流，不敢表现出自己的特立独行，以免受到排挤。可是，要想成为一名合格的咨询师，我们必须鼓励咨询者勇敢，坦然接受自己的与众不同。

途径六：仅达到"二流"是不够的，要力争达到"一流"。自我实现是一种最终状态，也是一个实现个人潜能的过程。一个聪明人在生活中竭力运用自己的聪明才智，或者通过学习变得更聪明，这就是他的自我实现。一个人想成为出色的钢琴家，他平日里在钢琴上进行的种种训练就是一种自我实现。一个人想成为一流的医生，并为此竭尽所能，这也是自我实现。简单来说，自我实现就是努力完成你想要完成的目标。不要得过且过，稍微有点成绩就放弃努力，这不是自我实现的正确途径。

途径七：察觉和认识"高峰体验"。在追求自我实现的过程中，你可能会在某个时刻感到一种极致的快乐，我们称之为"高峰体验"。这种体验通常是短暂的，是可遇不可求的，遇到时只能像刘易斯[①]说的那样"感到惊喜"。不过，我们可以设置一些条件增加高峰体验出现的概率，比如不受假想或错觉的左右，了解自己的潜能，知道自己擅长什么、不擅长什么。如果想减少高峰体验出现的概率，只需设置相反的条件。

其实，绝大部分人都有过高峰体验，但有的人对此毫无觉察，还有的人会因自身的傲慢而忽视。对咨询师或超级咨询师来说，很重要的一项工作就是在高峰体验来临时帮助人们察觉和认识它。然而，心与心的交流是很困难的，我们必须借助一些外部交流手段。没有人会在心里竖起一块黑板，把自己的隐秘写上去，所以传统的那种一个人在黑板上写，另一个人加以学习和理解的方式是行不通的。迫不得已之下，我们只能寻找一种新的交流方式。

我找到的交流方式更像是一种教育或咨询模式，它能有效地帮助成年人，令其尽可能地全面发展。与教授ABC、在黑板上解数学题或解剖一只青蛙相比，教育中还有一些更重要的问题。就拿听贝多芬的四重奏来说，重要的不是教人们认识那些音符，而是体会其中的美妙之处。与前者相比，后

---

①C.S.刘易斯（1898—1963），英国20世纪著名文学家、学者、批评家，代表作《爱的寓言：中世纪传统研究》《十六世纪英语文学》等。——译注

者显然更困难一些，但这就是咨询师工作的一部分，也是我们所说的"超级咨询"。

途径八：学会识别防御心理，若发现它，要勇于抛弃它。关于这条途径，我们会在下一节中详细阐述。

总的来说，自我实现是一个程度问题，是一种逐渐发展、积累后达到的状态。倾听内心的声音、承担责任、勇于说实话、努力工作，我所选中的那些自我实现对象都是这样一步一步走过来的。不管是在事业上，还是在生活的其他方面，他们都对自己有着清晰的认知。他们明白，真正的自我不仅包含自己是谁、承担着何种使命这种高深问题，也包含自己喜欢吃哪些食物，穿哪种鞋子等琐碎问题。他们发现了自己身上那些很难改变或逆转的天性。

贬低神圣，是对美好人生的釜底抽薪

在追求自我实现的过程中，我们要敢于抛弃自己的防御心理。你是谁？你的性格如何？喜好如何？什么对你有利、什么不利？你正在向什么样的目标迈进？你的使命是什么？通过上述等问题，你可以看清自己的内心，了解自己的心理疾病是如何发展的，并分辨自己在哪方面陷入了心理防御的状态。之后，要鼓起勇气抛弃这种因某些不快经历而产生的防御心理。这种做法虽然痛苦，但是值得。通过那些心理分析文献，我们早已了解到，无论什么问题，压抑都不是解决问题的好办法。

现在的一些年轻人中，有一种防御心理很常见，就是"剥去事物的神圣外衣"。不承认神圣的存在，于是自己的卑微、平庸、不思进取就变得理所应当——这是典型的防御心理。这些年轻人对很多东西都充满怀疑，比如价值观念、传统美德，即使亲见美好也拒绝承认。他们坚持认为，生活欺骗了自己，美好并不存在。他们的父母通常也没有聪明的头脑和清晰正确的价值观念，很难获得孩子的尊敬。面对孩子糟糕的行为，这些父母虽感到诧异，但不会劝阻。于是，这些年轻人有充足的理由去鄙视他们的长辈。他们也确实是这样做的。在他们眼里，这些长辈和伪善者没什么区别，都是嘴上说得好听，行为却截然相反。所以，不论大人们有怎样的忠告，他们都听不进去。

这些年轻人已经将人的神圣外衣剥去了。对他们来说，人就是一种客观存在的事物。他们不会去想人可能会有怎样的发展、变化，也不会去想人有什么样的象征价值，更不会理解人代表的那种神圣的、永恒的意义。正如这些年轻人也将"性"的神圣外衣剥去了一样。在他们眼里，性是一件很自然、很随便的事。因此，很多时候，性已经失去了那种给人以美感的意境。这其实相当于失去了全部。

要想自我实现，就要把曾经剥去的神圣外衣再重新披上。再次披上神圣外衣，就是愿意像斯宾诺莎那样用"永恒的观点"看人，看到"人"代表的那种神圣的、永恒的意义。比如，面对女性时，无论其是否已婚已育，都要态度尊敬。不仅要尊敬"女性"这个群体，还要尊敬这两个字背后所包含的全部意义。又比如，面对一个需要解剖的大脑时，要有敬畏之心，要看到它的神圣以及代表的价值。这就是将大脑再次披上神圣外衣，而不是简单地把它当成一个客观存在，那样必然会失去很多东西。

在一些年轻人眼里，再披上神圣外衣通常代表着旧调重弹。在那些逻辑实证论者眼里，这可能没有任何意义。但是，对咨询师来说，尤其是帮助老年人的咨询师，这是非常重要的，可以帮助那些需要帮助的人走向自我实现。在这方面，一个尽职的咨询师不会有任何隐瞒。

自我实现的内部动力

基本需要的满足是自我实现的前提和必要条件，也就是说，一个人想要自我实现，基本需要必然已经得到了适当满足。那么，此时在其内部推动他发展的必然是一种更高级的存在，我们将这种存在称为"超越性动机"。

换句话说，一个人如果处于低级需求的层次，那么推动他发展的就是以基本需要为基础的普通性动机；一个人如果已经达到了自我实现的层次，基本需要已经得到满足，那么推动他发展的就是一种不再以基本需要为基础的更高级动机，也就是超越性动机。

通过对自我实现者的调查和研究，我发现人的内部存在一种向自我实现方向成长的倾向。也就是说，我们内部存在一种动力，驱使我们向人格统一、心理健康、个性完满、身份认同、追求真实等方向前进。这种动力源于我们本身的构造，推动我们成为越来越完美的人。这种完美包括诚实、勇敢、善良、平和、从容、无私等。这些词也是我们常说的良好价值观的内容。

换句话说，如果我们想了解更多关于良好价值观的问题，就要研究那些人格高度发展、成熟并拥有健康心理状况的人，也就是自我实现者。他们超越了一般的二分问题。在他们身上，责任和趣味、工作和娱乐、自私和无私，都已融为一体。他们拥有完满的人性。能够达到这种自我实现的人太少了，一两百人里可能只有一个。不过值得庆幸的是，高峰体验状态下的普通人也具有自我实现的特征，同样可以作为研究对象。

与普通人相比，自我实现者的发展要更加充分和完善。在对他们的心理健康进行研究时，我发现这类健康人格者都有一些共同特征。比如，能更敏锐地感知现实、更接纳自我和他人、行为更具自发性、更自主和独立、具有孩子一样的创造力和明显的民主性格等。从主观上来说，这些特征是有益的，对人有强化作用。

事实上，任何出于自我实现而进行的成长性选择都有这种作用，具体表现为热爱生活，具有责任感，常常能够感受到愉悦、欣喜、幸福、平和等，以及对自己充满信心，相信自己有能力解决任何压力和问题等。如果是相反的选择，也就是违背自我、退行、出于畏惧而做出的选择，主观感受上会有很大不同，通常表现为焦躁、疲倦、绝望、遭受痛苦、内疚、羞耻、空虚、迷茫、对自身充满怀疑等。

如果真如我们所说，几乎每个人内部都存在向自我实现方向成长的倾向，那等于在说这些发现放在任何人身上都适用。至少在我眼里，具有自我实现能力的人占据大多数。也就是说，这些发现至少在大多数人身上适用。

我们对自我实现者特征的描述与很多信仰所倡导的理想，有很多相似之处，例如：超越自我，真善美的融合统一，超越自私，无私，诚实，智慧，抛弃"低级"欲望以追求"高级"欲望，较容易地区分目的与手段，较少的敌意和破坏性，较多的友好和善良，等等。

只有在这些人格高度成熟、健康的人身上，体验时的主观愉悦感、对体验的愿望或冲动、对体验的"基本需要"才有良好的相关性。他们向往和认可的那些东西不仅对自己有益，同时对他人也有益。在他们眼里，美德本身就令人愉悦，值得享受，无须其他回报。一般情况下，他们发自内心想要做的事就是他们需要做的事，就是正确的事。如果能一直做下去，他们就会感到开心、快乐。

人患有心理疾病就代表这个统一体出现了矛盾、分裂。此时，他想做的可能是对自己有害的事，是会令其产生怀疑和痛苦的事。他的冲动、期望可能会将他引入歧途。当意识到这一点时，他难免心生疑虑和恐惧。这种疑虑和恐惧又进一步加剧了内在的分裂和冲突。他所有的时间和精力都浪费在了内耗上。

由此可见，与普通人或患有心理疾病的人相比，真善美在健康人身上的关联性要紧密得多。

对大多数人来说，自我实现是一种期望、一种动力，是一种他们希望达到而尚未达到的状态。在临床上，它表现为一种积极的力量，推动我们向着健康、完整的方向成长。

人性，是从基本需要出发的

基本需要简说

　　研究证明，人的内在由生理需要和心理需要组成。这些需要可被视为某种匮乏，如果没有被满足，会令人一直陷入渴望需要被满足的状态，并导致生理和心理上的疾病。反过来看，如果人因为需要未被满足而患有某种匮乏性疾病，那么只需满足他的需要就可以取得疗效。如果需要一直得到基本满足，就可以预防这些匮乏性疾病。那些需求被满足的健康者就是最好的例子，他们不会表现出某种匮乏。由于以上性质，这些需求也被称为基本需求，或者生物性需求。

　　人类的基本需求按照优先级和潜力的高低排列成一种层级结构，由低到高依次为：生理需求、安全需求、归属与爱需求、尊重需求、自我实现需求。生理需求比安全需求强烈，安全需求比归属与爱需求强烈，归属与爱需求又比尊重需求强烈，尊重需求又比自我实现需求强烈。以生理需求为例，当它未被满足时，就会占据主导地位，为了尽快满足，它会迫使有机体的所有机能为它服务。当它得到满足时，对它的渴望就会渐渐平息，更高层次的需求就会出现，并在未满足前占据主导，以此类推。这些需求是以发展的方式互相联系的，只有满足所有基本需求，才有可能实现最上层的自我实现需求。

显然，无论哪种需求，被满足后都会产生一个结果，即对这种需求的渴望平息，一种更高级的需求开始出现。此外，还会产生一些附加现象，比如价值观的转变，过于看重未被满足的需求，忽视已被满足的需求，甚至将其视为理所当然，加以轻视或嘲讽。这可能会造成一种病态，不过只需适当剥夺即可治愈，例如将食物视为理所当然时，适当剥夺食物，令其感到饥饿即可。

基本需求的满足会影响性格的形成。一个人的基本需求如果从小就能得到满足，那么他长大后就会成为一个友善、积极的人。反之，如果基本需求一直受挫，那他就很容易产生敌意。例如，安全需要受挫时，我们会变得紧张、不安、焦虑、恐惧、神经质。当它得到满足时，我们就会感到安全，放松，对未来充满信心。这两种情况显然会造就性格截然不同的两种人。

要想满足某项需求，必须有适当的满足物。比如，爱的需求必须靠真挚的感情来满足，生理需求必须靠食物和水来满足，性需求必须靠性爱来满足等。

为了更好地理解基本需求和健康满足的概念，我们可以举个例子：在一片危险的丛林里有五个人，分别是A、B、C、D、E。每个人拥有的东西不同，A只有水和食物；B除了水和食物，还有一把枪和一个可以藏身的山洞；C除了这些，还有两个伙伴；D不仅有水、食物、枪、山洞、伙伴，还有一个最好的朋友；E不仅拥有D的一切，还是团体中的头领，受人尊敬。从基本需求满足的角度来看，A是仅仅求存者，B是安全者，C是有归属者，D是被爱者，E是受尊敬者。

从A到E显然是一个递增的过程，这种递增不仅表现在基本需求的满足上，还表现在心理健康程度上。与一个只满足安全和归属需求的人相比，一个不仅被满足了这两种需求，还被满足了爱与尊重需求的人，在其他条件相同的情况下显然更加健康。当然，如果前者在满足爱与尊重的需求后也会变得更加健康，并走上自我实现的道路。

我们认为，基本需求满足的程度越高，心理就越健康。

那我们是不是可以由此推断，基本需求的完全满足就意味着最理想的心理健康状态呢？虽然我们现在还无法回答这个问题，但这种可能是存在的。这种推断有利于将我们的注意力转移到一些被忽视的问题上。例如，通往健康的道路虽然有很多条，但我们该为孩子选择哪一条呢？有没有可能避开基本需求，通过磨难、挫折、苦痛来获得健康呢？满足式健康和挫折式健康对比来看，哪一个更容易获得呢？

这种理论涉及一个较为尖锐的问题。这个问题曾被韦特海默和他的学生们提出。他们认为，无论哪种基本需求，本质上都以自我为中心，都是自私的。不管是戈德斯坦，还是这本书，确实都在以一种高度个体主义的方式来定义"自我实现"这一最高级的需求。但是，我们在对健康者进行研究时发现，他们在个体化的同时，也具有一种愿意和他人乃至群体在一起的倾向；在自私的同时，他们也能设身处地地理解他人。

戈德斯坦、阿德勒、霍妮、弗洛姆、安吉亚尔[1]、荣格[2]、罗杰斯等人有这样一个设想：个体内部存在一种往自

---

①安德拉斯·安吉亚尔（1902—1960），匈牙利心理学家。——译注

②卡尔·古斯塔夫·荣格（1875—1961），瑞士心理学家，人格分析心理学派创立者。——译注

我实现方向成长的倾向，这种倾向推动个体向更完满的方向前进。我们在提出健康满足的概念时，无疑等于认同了这一设想。

对一个健康的个体来说，所有的基本需求都满足后，他势必会走上自我实现的道路。因此，我们可以推断，该个体依照内在成长趋势在内部获得了发展，而不是依照环境决定论意义上的行为在外部获得发展。由于安全需求、归属与爱需求和尊重需求的满足只能从他人身上获取，所以患有神经症的个体在未能满足基本需求时，不得不依赖于他人。这就导致他们没有很强的自主性，无法自我决定。也就是说，环境对他们的影响要远大于其自身的本性。而对健康者来说，他们具有更强的独立性，对环境的依赖较小。这代表他们较少受环境的影响，对他们起决定作用的是个人的目标和本性，环境只是他们实现自我的一种手段。这就是所谓的真正意义上的心理自由。

基本需要得到满足的人有哪些表现

一般情况下，高级需要只有在低级需要被满足后才会占据主导地位。不过，我们通过观察发现，更高级的需要一旦占据主导，它带来的价值和经验也为我们所获取时，它就会具有强烈的自主性，不再依赖低级需求的满足。高级需求占据主导的人过上"高级生活"后，甚至会对低级需求的满足生出鄙夷。所以，那些富三代才会对他们的父辈充满轻视，那些享受优越教育的移民者才会看不上他们粗俗的父母。

基本需求得到满足后，很大程度会产生下列现象。

一、情感方面

1. 生理上，对食物、睡眠、性爱等感到非常满足和厌倦，还有随之而来的附加感受，如健康、幸福、活力、愉快、感到满足等。

2. 感到安全、稳定、平和，觉得自己被保护着，没有任何危险，也不受任何威胁。

3. 有归属感和认同感，觉得被群体接纳，获得地位，回归家园。

4. 感到爱与被爱，对自己的价值有认同。

5. 依赖自己、尊重自己、相信自己、独立、成功、强大，富有成就感、优越感以及领导力。

6. 能充分发挥自己的才华和潜能，感到自我实现、自我满足、自我成就，觉得自己获得了成长、成熟、健康、自主。

7. 好奇心获得满足，学习更多的感受，认识增多。

8. 感到被理解、智力提到提升，觉得自己正向更广博和包容的方向前进，对关系和关联有更深刻的认识，感到惊讶赞叹，价值信仰感。

9. 审美需求获得满足，获得大的触动，感到赞叹、欣喜、心花怒放，产生对称、秩序、适当、完美的感受。

10. 出现更高级的需求。

11. 依赖或独立于各种满足物，可能是暂时性的，也可能是长期的。

12. 憎恶和喜爱。

13. 疲惫厌倦和兴致勃勃。

14. 价值观和品位得到改善，有更好的选择。

15. 获得更多、更深刻的欢乐、幸福、兴奋、愉悦、满足、稳重、冷静，产生越来越丰富和积极的情绪。

16. 越来越多的狂喜体验、高峰体验、神秘体验，以及极度兴奋和斗志昂扬的体验。

17. 期望水平的改变。

18. 挫折水平的改变。

19. 出现探索元动机和存在性价值的倾向。

二、认知方面

1. 更敏锐、高效、实际的各种认知，更好的现实检验。

2. 更强烈的直觉，更准确的预感。

3. 具有启示性和洞察性的神秘体验。

4. 对个人和人类认知的超越，以自我为中心的减少，以现实–客体–问题为中心的增多。

5. 世界观和价值观变得更真实、现实，自我更整合、统一，对他人更少的敌意、更全面的认识。

6. 创造性和艺术性的增强，诗性、乐感、智慧、科学方面的提升。

7. 刻板印象和习惯的减少，不会随意贴标签，能更好地感知真实，对个体独特性的感知增强，以对立眼光看问题的情况减少。

8. 更基本和深入的民主态度，对他人，不管是女人还是孩子，乃至全人类的爱与尊重。

9. 不再偏爱熟知的事物，特别是在一些关键点上，更能接受有新意和未知的事物。

10. 具有更高的偶然性和潜在学习的可能性。

11. 更能接受复杂事物，不再偏爱简单。

三、性格特征方面

1. 更沉稳镇定、平静，内心不紧张和焦虑。

2. 友好、善良、无私，富有同情心。

3. 健康的慷慨。

4. 大的格局和气魄。

5. 更尊重和信赖自我。

6. 安全感、平静感、没有危险感。

7. 性格上更友善。

8. 更能忍受挫折。

9. 更能接受个体的差异，并容易受此吸引。因此，不存在偏见和广泛的敌意，但不丧失判断能力。更加尊敬和重视与他人之间的感情。

10. 更勇敢，更少的恐惧。

11. 心理健康及其所有的副产物，远离神经症、精神病型人格以及精神病。

12. 更加深刻的民主性，对值得尊敬的人有着发自内心的尊敬，无畏任何人。

13. 放松，从容。

14. 虚伪和谎言的减少，更诚实、真挚和坦率。

15. 更强大的意志，享受责任。

四、人际关系方面

1. 能够更好地承担各种角色，如邻居、父母、朋友、爱人。

2. 政治、经济、教育方面的成长和开明。

3. 尊重弱势群体，如妇女、儿童。

4. 更民主，更少专横。

5. 更友善，更容易接纳和认同他人，很少无缘无故地仇视别人。

6. 更能欣赏身边的人，如朋友、爱人、上司等，能更好地认识和评判他人，更好的选择。

7. 更具吸引力，更有魅力，是更好的人。

8. 更好的心理医生。

五、其他方面

1. 对天堂、地狱、乌托邦、美好生活、成功和失败等的看法有所改变。

2. 对更高价值观、更高"精神生活"的倾向。

3. 对微笑、表情、风度、姿态、笔迹等外部行为的改变，更愿意表达，减少功能性的行动。

4. 精力的改变，困倦、睡眠、安静、休憩、清醒。

5. 对未来有希望和兴趣。

6. 对梦境和幻想中的生活以及早期记忆的改变。

7. 性格方面，道德感、伦理感、价值感的改变。

8. 宠辱不惊、顺应自然，不以他人的痛苦为代价获取想要的生活。

高级需要与低级需要的区别

不管是在心理上，还是实践中，高级需求和低级需求都存在差别，具体如下：

1. 在物种或进化方面，高级需求是一种更晚的发展。在对食物的需求上，我们和其他生物没什么不同。在对爱的需求上，我们可能和高等灵长类动物类似。但是，自我实现的需求却是我们独有的。由此可以推断，需求层级越高，越能体现人类的特性。

2. 对个体发展来说，高级需求是较晚的阶段。个体出生后，就会表现出生理需求和安全需求。几个月后，会表现出对人际关系和情感的需求。再大一些，又会表现出对独立、自主、尊重、夸奖的需求。对此时的他们来说，这些需求甚至超越对安全感和爱的需求。即便是莫扎特那样的天才，也要三四岁后才能表现出自我实现的需求。

3. 与低级需求相比，个体追求高级需求满足时没有那么急迫。当低级需求未被满足时，有机体会产生极为强烈的渴望想要满足它。但是，高级需求未被满足时不会如此。也就是说，高级需求对有机体的主动、组织能力较弱。当低级需求被剥夺时，个体会感觉受到威胁，并产生防御。高级需求被剥夺时，则不会如此。自尊相比于食物和安全而言，显然是无足轻重的东西。

4. 对个体来说，更高的需求层次往往代表更高的生物效率，更长的寿命，更好的健康状况、睡眠情况和食欲等。研究已经多次证明，如果一个人总是焦虑、恐惧、压抑、缺爱，那不管是身体还是心理，都容易变得病态。而高级需求的满足会带来成长价值和生存价值。

5. 越高级的需求主观上越不紧迫。高级需求是难以察觉的，而且很容易被错误地当成因习惯、模仿、错误信念等而产生的其他需求。对个体来说，认识自己的需求相当于认识自己真正想要什么。这是一种非常重要的心理成就。在高级需求上，这一点体现得尤为明显。

6. 高级需求的满足会带来更多、更深刻的主观感受，比如欣喜、满足、心花怒放、高峰体验，或平静、崇高等。这是低级需求做不到的，像安全需求的满足至多令人觉得解脱和放松。

7. 个体追求高级需求的满足代表了一种倾向，一种往健康方向前进、远离心理病态的倾向。

8. 个体想到达高级需求的层次，必须先满足很多条件。比如，必须让低级需求获得基本满足，只有这样才会显露出高级需求。就像只有在安全需求获得基本满足时，意识中才会出现对爱的需求。而且，高级需求层面的生活相比于低级需求层面的生活要更复杂。例如，尊重需求相比于爱的需求要涉及更多的人、事、物，更多的手段和目标，以及更多的步骤，而爱的需求又要比安全需求更复杂。

9. 高级需求对外部条件的要求更高。好的环境条件不仅可以减少敌意，还会让人们更友善。要想达到自我实现，良好的外部环境是必要条件。

10. 如果一个人低级需求和高级需求都得到了满足，通常会在高级需求中寻找更高的价值,而不是在低级需求中。为了获得更高的满足，这类人愿意付出代价。当低级需求被剥夺时，他们也能够承受。对这类人来说，为了原则和自我实现，他们愿意放弃钱财和名望，即便会陷入危险，也在所不惜。他们更能忍受苦难。在这种人眼里，自尊比填饱肚子更重要、更有价值。

11. 处于高级需求层次的人，爱的认同范围更广、数量更多、水平更高。从原则上来说，我们可以将爱的认同理解为对两个或两个以上的人的需求进行合并，令其变成一个单一的优势层级。对陷入爱情的两个人来说，他们会将对方的需求视为自己的需求，同等对待。

12. 我们还可以将爱的认同视为一种社会化。爱的认同范围广、数量多、水平高就意味着社会化程度高，对人类有更多的热爱。但是，高级需求满足的人同时也是最具个性的人。这两点看似矛盾，其实并非如此。正如弗洛姆所说，爱自己和爱他人并不是对立的，而是可以融合为一体的。

13. 高级需求的满足会对社会产生有利影响。从某种角度来说，越高级的需求越无私。生理需求是完全自我的，想要满足它，唯一的办法就是填饱自己的肚子。爱和尊重的需求则不是这样，它们都关乎他人，关乎他人的满足。一个人如果这两种需求都得到了充分的满足，那他们通常都很友好、善良、真诚、有责任感，并能很好地担当起各种身份，成为优秀的父亲、丈夫、老师或公职人员等。

14. 与低级需求的满足相比，高级需求的满足更接近自我实现。换句话说，处于高级需求层次的人身上往往具有更多的自我实现者的特征。

15. 在心理治疗上，需求层级越高的人越容易被治愈。反之，需求层级越低，心理治疗越没有疗效。例如生理需求，心理治疗对填饱肚子没有任何作用。

16. 低级需求比高级需求更具体和清晰，受到的限制也更多。比如，当我们觉得饿或渴时，身体会有明显的反应，但当我们需要爱时，就不会那么容易看出来。可见，与高级需求相比，低级需求的满足物更加具体和明显，而且也更受限。例如，当我们饿或渴时，能吃或喝进去的东西是有限的，但当我们想要被爱、被尊重时，满足物可以是无限的。

超越及超越者

超越的意义

　　超越是指人类意识最高和最全面的层次。它是一种目的，而非达到目的的手段。它关乎自我、重要的他人、全人类、其他物种、自然及整个宇宙。

　　超越都有哪些意义呢？

　　1. 对自我意识和自我觉察的超越。这相当于我们全情投入某事并沉迷其中时产生的那种忘我状态。在这种状态下，我们会丧失自我意识。这从某个特殊的角度来看也是对自我意识的超越。

　　2. 生理学上的超越，也就是对个人身体、皮肤、血管的超越。此时，我们似乎在一定意义上等同于存在价值。这样一来，就可以将存在价值视为自我的内在价值。

　　3. 对自我的超越还体现在我们遵循外部要求、履行义务，以及承担对他人和社会的责任上。一个人如果能够竭尽所能地承担自己的职责，那么从某种角度来说，就可以被视为一种永恒的存在。因此，这意味着一种对自我的超越，也是一种对低级需求的超越。这种低级需求包括两方面：一方面是个体内部的自私需求；另一方面是以自身利益为基础、对外部事物的判断，比如能不能吃、有什么危险或用处等。

这种超越是对"客观感知世界"这句话最好的诠释。它是存在认知的一个必要方面，而存在认知就代表着超越自我，超越低级需求和自我为中心。同时，这种超越又代表了一种对现实社会或自然世界的接受和认同，一种"顺应自然"的道家态度。这种态度代表着，我们接受、服从于外部现实或自然世界，愿意与它和谐共处。

4. 对基本需求的超越。这种超越有两种方式：一种是满足基本需求，令其自然地平息，从意识里消失；另一种是放弃满足，这要求我们处于一个较高的层次，只有这样才能克服这些需求。其实，我们在主要受超越性动机支配时，就会超越基本需求。

5. 对孩子或亲朋好友无私的爱，也是一种超越。"无私"就意味着超越自我，不以自我为中心。无私的爱代表了一种认同。这种认同可以扩展到很大的范围，甚至涵盖全人类。此时的自我是极为包容的。

6. 对他人意见和评价的超越。这代表了一种自主、自我相信、自我决断。这种人坚信自己的所作所为是正确的，所以即便他人不喜欢，仍会坚持自我。他们不受他人的控制，不受他人引诱，会成为自己想成为的人。这种人被称为非顺从者。他们拒绝被规诫、教训，坚持自己，而不是屈服于自己扮演的角色。这其中包含了对宣传、暗示的抵抗，以及可能令他们背负社会压力，被大多数人孤立。

7. 对个体差异的超越。这是一种特殊意义上的超越。面对个体差异，最好的态度是理解和接受。甚至可以将其视为宇宙中的奇妙创造，承认它的价值，欣赏和享受它。这种良好的态度当然可以被视为一种对个体差异的超越，但还有另一种态度，同样体现了这种超越，即承认所有人本质上的共同性和相互依存，在终极的人类种族层面认同所有人，将所有人都视为兄弟姐妹，以这种方式超越个体的差异。也就是说，对于个体的差异，我们有时候会产生非常清晰的认知，但还有一些时候，我们会将关注的焦点放在人与人之间的共同之处上，从而忽视或抛开个体的差异。

8. 超越自身的软弱，变得坚强。超越自身的依赖性，变得更独立，做能承担起责任的父母，而不是只会依赖他人的孩子。在我们身上，坚强和软弱同时存在。因此，这种超越只是一个程度问题。在一些人身上，软弱占主要地位。这就导致他们与他人主要是弱者和强者的关系，他们所有的防御机制、反应机制、适应机制都建立在以弱对强的基础上。这点同样适用于依赖和独立、不负责和负责。

9. 超越个人意志。主要指接受自己的命运，并带着爱意去与之拥抱。

10. 我们还可以把"超越"解读为"超过"。这代表与想象的或者过去曾做过的相比，我们还可以做得更多。例如，与以前相比，我们还可以跑得更快；与现在相比，我们还可以做得更好，成为更好的老师、舞蹈家、木匠等。

11. 对时间的超越。关于这点，我们可以用一个例子来进行说明：在一次毕业典礼上的游行仪式中，我由于百无聊赖突然进入某种境界，就好像我脱离了自身，成了一种永恒的存在。我幻想着，这支游行队伍正向着遥远的、我视线所不及的未来前进，队伍的最前方是苏格拉底。我认为这象征着过去那些伟大的学者、先贤都加入了这支游行队伍，而我就在他们的身后，追随着他们。我又幻想，在我身后，这支游行队伍继续向远处朦胧、模糊的无限中延伸。我知道，会有越来越多的人加入这支队伍，尽管有些人可能尚未出生。

但是，他们终有一天会成为学者、专家，科学家和哲学家，成为这支队伍里的一员。在我眼里，这支游行队伍是那么伟大、庄严，我为自己是其中的一员而感到激动、骄傲。对我来说，原本看不上的学位服现在成了一种至高无上的荣誉。此时，我不再是一个感到无聊的个体，而是超越时间成了某种具有永恒象征意义的东西。

我们还可以从其他角度来解读这种对时间的超越。比如，它可以让斯宾诺莎、林肯、杰斐逊等人获得一种特殊意义上的生命。也就是说，他们还活着，只是活在了我的心中。我能感受到他们，并与他们建立起深厚的友谊。

当我们为了后世子孙或继承者而努力工作时，在某种意义上也可以被视为个体对现实的超越。在小说《探索者》中，作者艾伦·惠利斯有过类似的描述：当生命即将告终时，主人公认为自己一生做过的最好的事就是为后人植树。

12. 对过去的超越。面对过去，我们通常有两种态度：一种是超越的态度，也就是完全理解和接受自己的过去，与自己和解，不埋怨、不后悔、不内疚、不羞耻；另一种是被动接受的态度，也就是认为过去只能由外力决定，自己无计可施。在这种人眼里，过去的自己是另一个存在，与当下的自己不同。

13. 对空间的超越。它可以简单描述为：因太过沉迷于某事而忘了自己在哪儿。如果从一个更高的层次来描述就是，由于对整个人类产生了认同，所以即便是地球另一边的同胞，依然会被视为他的一部分。他在此地，但从某种角度来看，他又在地球的另一边。这一点对存在价值同样适用。由于存在价值无处不在，且能够定义自我，所以从某种意义上来说，自我也无处不在。

14. 对文化的超越。不管是自我实现者，还是超越型自我实现者，在某种意义上都是世界公民，是整个人类的一员。他们虽生长于本土文化，但对这种文化并没有太强的认同感。换句话说，他们超越文化，独立于文化之外。他们站在一定的高度，对文化进行审视。这就好比一棵大树，虽根植于土地，枝干却延伸到很高的地方。当然，这并不代表就能忽视根植的土地。我们之前提到过，自我实现者对文化缺乏认同，心存抗拒。从心理治疗的角度来看，一个人如果能以超脱的、旁观的方式审视自己根植的文化，就相当于能在体验的同时以超脱、旁观、批判的眼光审视自己的体验，从而对它进行评判，并控制它，甚至改变它。对于有意识接受的那部分文化和无意识全盘接受的那部分文化，个人的态度通常会有很大差异。

15. 对零和博弈^①的超越。这代表双方不再呈对立状态，而是走向协同合作。

16. 对二分问题、非此即彼的超越。不再将事物二分，而是以整体性的眼光来欣赏它、整合它。最高可扩展到宇宙层面，把宇宙作为一个整体来感知。这是超越的最终极。只要向着这个极限，我们走的每一步都是一种超越。所有二分问题都可以作为例子来证明这一点。比如，自私和无私、刚强和温柔、父母和子女、学生和老师等等。这些都有被超越的可能。这就导致互相排斥、对立和零和游戏也成为被超越的可能。我们可以从一个更高的视角看到这些矛盾对立的分歧融为一体。这是一种更加真实、更符合实际的统一体。

17. 对民族主义和爱国主义的超越。例如，皮亚杰口中的日内瓦男孩认为，自己只能在日内瓦人和瑞士人中选择一个，不能同时占有这两种身份。这说明儿童的思维是比较单一的，常以"非此即彼"的眼光看待事物。只有经过进一步发展，他们的思维才能更加包容和整合，进入一个更高的

---

①博弈论的一个概念，又称"零和游戏"。具体是指，在一个游戏中，有赢家和输家，赢家得到的正好是输家失去的，所以游戏的总成绩永远是零。也就是说，博弈的双方处于严格的竞争中，一方的收益必然代表另一方的损失，收益和损失的总和永远为零。双方对立，不可能合作。——译注

阶段。

我认同民族主义、爱国主义，也认同自己的文化，但同时我也认同和热爱整个人类。与前者相比，后者显然要更加高级和包容，同时超越了自私、狭隘、对立、地方主义，更加健康和充满人性。简单来说就是，我既是一个美国人，也是一个世界公民或全人类的一员。这两者并不矛盾，我不能因为想成为世界公民就抛弃美国人的身份，那样会失去根基，变成一个单纯的世界主义者。我们每个人都根植于一种文化，是在这种文化中成长起来的。所以，我们对自己的家乡、对家乡的语音，有一种归属感。不管是我们的高级需要，还是超越性需要，都建立在这种归属感之上。想成为人类的一员，并不代表要排斥低层次，而是在整合的过程中包容低层次，例如文化多元论。换句话说，我们要享受差异性，要像享受不同餐厅提供的不同食物那样去享受不同地区的不同文化。

18. 超越还可以被解读为超越凡俗、类似神明。但值得注意的是，要将这种解读与超人或超自然进行区分。这种超越是一种非常崇高和神圣的状态，在现实生活中并不常见。如果从"超越凡人"或"存在领域的人"这种角度来说明，可以将它视为人性的一种潜能。

19. 超越意味着在存在领域里生活，说存在语言，有存在认知，有过高原体验（plateau experience）[①]。它既是宁静的存在认知也是极致的高峰体验式的存在认知。人们刚经历伟大的启示、了悟、觉醒或神秘体验时，可能会惊讶赞叹，但之后会渐渐归于平静，甚至习以为常。他不再感到惊叹，随意地生活在这些伟大的体验里，与永恒和无限和谐共处，在存在价值中平静地生活。这是一种高原认知，不同于那种极为强烈的存在认知。据我所知，高峰体验必然是极为短暂的。但是，它带来的启示和了悟却能长久地留存。一个人经历过高峰体验后，就不可能回到之前的盲目状态。对于这种启示和转变，他需要一些新的词来形容。高原认知，也就是一种宁静的存在认知。在日常生活中，醒悟后的人就是以这种认知方式来行事的。而且，他对这种认知拥有绝对的控制权，可以按照自己的意愿开启或关闭。即便转瞬即逝，但能达到完满的人性和终结，本身就是一种超越。

20. 神秘体验方面的超越。在各类思想文献中，我们能够看到一些关于神秘信仰的描述。这是一种与他人、宇宙或

---

①高原体验：马斯洛认为，在自我实现者的生活中，除了偶尔的高峰体验，更多的是一种神圣的平和、宁静的体验。为了与高峰体验进行区分，马斯洛称其为"高原体验"。——译注

两者之间某项事物融为一体的神秘体验。这种体验也是一种超越。

21. 我们在高峰体验的状态下可以超越很多消极事物，例如死亡、病痛、苦难、恶意等。一个处于高级需要层次的人面对痛苦和死亡时会更坦然。也就是说，他们能够接受痛苦和死亡，也能像神明那样，理解它的必然性。我们以这种态度面对痛苦和死亡时，可能就不会产生怨恨和愤怒。这种心态通常只有在存在认知中才能达到。此时，在我们眼中，世界是善的，我们愿意原谅那些感知到的恶。这也是一种对抑制、阻碍、否定和拒绝的超越。

22. 对束缚、压制的超越。具体表现在几个方面，比如即便身处泥泞之中，自身仍保持纯净；即便在屠宰场中穿行，自身也不染血腥；即便看了很多广告，自身也不受影响。这些都代表了一种对束缚、限制的超越。

我们用一个例子来说明这种超越：1933年《纽约时报》头版上有这样一张照片：一位乘坐垃圾车游街的犹太老人在面对街头人群对他的嘲讽时，眼含悲悯、同情、宽容。显然，在他眼里，这些人是病态的、可怜的、丧失人性的。这说明，哪怕是面对他人针对自己的恶意、无知、愚蠢，我们也是有可能超越的。在这种超越中，个人似乎成了一种超脱的存在，就像一个旁观者，高高在上地俯视着整个场景和所有人，包括自己。

23. 从心理治疗的角度来看，值得一提的还有对恐惧的超越。此时，人不再感到恐惧，可能还会变得勇敢。这是两种不同的状态。

24. 对人类的缺陷和限制性的超越。这种超越主要有两个来源：其一是极为强烈的、对完美的终极体验；其二是神圣、平和的、对完美的体验，也就是对完美的高原体验。在第二种体验中，人是一种神圣的存在，是神明，是完美和本质的化身。当这种高原认知达到某种程度时，人就可以被视为十全十美的。此时，他会包容和热爱一切，甚至原谅针对自己的恶意。无论事物以怎样的方式存在，他都能理解并接受。他甚至会觉得自己无处不在，在主观上感受到全知、全能。也就是说，在这一刻，他超越了自身的人性，成了神明一样的存在。

25. 对努力和希望的超越。简单来说就是，享受梦想成真的满足状态，而不是努力奋斗的过程；享受目的，而不是抵达目的的手段。这是一种完全满足、无忧无虑、逍遥自在的状态，类似于道家"顺应自然"，不力争、不干预、不强求的状态。它超越了野心和效率，是一种拥有的状态。也就是对这个人来说，没有什么缺失的了。这代表，他可能会感到快乐、幸福、满足，能够做到纯粹的欣赏和感恩。如果将其视为一种终极状态，那就代表我们已经超越了一切意义上的手段。

超越型自我实现者与健康型自我实现者

我认为可以根据超越的体验将自我实现者分为两类：一种是非常重视超越体验、将其视为核心的超越型自我实现者，代表人物有赫胥黎和爱因斯坦；另一种是很少有超越体验、但具有明显心理健康特征的健康型自我实现者，代表人物有罗斯福夫人。

值得注意的是，超越体验并非只发生在自我实现者身上。事实上，在一些富有创造力的人、聪明的人、坚强的人、善良的人、有才华或领导力的人、努力克服困难变得更坚强的英雄式人物，甚至是一些不太健康的人身上，都可以发现重要的超越体验。

超越型自我实现者与健康型自我实现者有很大区别。我认为，超越型自我实现者是人类能够达到的"巅峰"。面对生活时，他们是积极的、充满希望的，而不是消极的、倦怠的。健康型自我实现者则更接近现实。大多数时间，他们都生活在缺失领域（Deficiency realm），更加世俗。面对人或物时，为了满足缺失性需求（Deficiency needs）①，他们更现实，会用"有没有用、有没有危险、重不重要"进行评判。

此处的"有没有用"是指对生存有没有用。这能帮助健康者摆脱缺失性需求，向自我实现的方向迈进。可以说，这是一种建立在基本需求之上的生活方式。除了安全需求、爱与归属需求、尊重需求，还包括自我实现的需求。也就是说，在满足人类共有需求的同时，还要实现个人的独特潜能。他们在这个世界上生活，并向自我实现迈进。他们像政治家和实干家那样，控制、引导和利用这个世界，以达到一些良好的目的。他们重视效率、讲究实际，是很好的实践者，而不是思考家。

还有一类人——他们是不是超越型自我实现者尚不确定——更容易察觉到存在领域和存在认知。在他们身上，超越性动机的作用更为明显。他们经常有统一意识和高原体

---

①缺失性需求：又称匮乏性需求或基本需求，包括生理需求、安全需求、爱与归属的需求、自尊的需求。与之相关联的是成长性需求（Growth needs），又称生长性需求，包括认知需求、审美需求和自我实现需求。——译注

验，只是每次的程度不同。他们都有过高峰体验，并能从中获得一些醒悟或启示。他们对世界和自身的看法会因此发生转变。这种情况发生的频率可能很高，也可能很低。

不管是超越型自我实现者，还是非超越型自我实现者，都具有自我实现的所有特征。他们之间的主要区别在于：是否存在高峰体验、存在认知和高原体验，存在多少，是否产生了重要影响。高峰体验和高原体验对超越者具有极为重要的意义，是生活中最重要、最珍贵的东西，是一种巅峰，是对生命的全面肯定。

我们之前提到过，存在认知中的表达和交流很有特点。语言通常是诗意的、梦幻的，就好像只有这种语言才能描绘出这种存在状态。从身份认同角度来看，这个发现似乎可以说明，一个人越真实、越纯粹就越像艺术家或诗人。这一点在超越者身上表现得更为明显。与非超越者相比，他们更善于使用存在语言。或者说，这种语言已与他们融为一体，在平日的生活中无须刻意就能自然流露。因此，对于语言、修辞、音乐、艺术等，他们通常能够更好地理解。

感知事物时，超越者会以统一或神圣的方式。也就是说，在他们眼里，一切事物既有现实的一面也有神圣的一面。无论何种事物，他们都可以按照自己意愿将其神圣化，也就是从一种永恒的角度去看待事物。

他们更看重超越性动机，有意识地受其驱使。换句话说，在他们眼里，最重要的动机就是真、善、美、统一等存在价值。

超越者之间会互相吸引，哪怕第一次见面，也能成为知己和好朋友。彼此间的沟通也不完全依赖于语言。

超越者能更敏锐地感知美。这一点可能体现在几个方面：一、超越者可能会美化一切，包括全部存在价值；二、与他人相比，超越者更容易发现美，或者说对美做出反应；三、超越者更重视美，将它放在一个非常重要的地位；四、在常人眼中不美的人或事物上，超越者也能发现美的地方。

与健康型自我实现者相比，超越者能更全面地看待世界。在他们眼里，不管是人类，还是宇宙，都可被视为一个整体。他们没有"家国利益""父辈荣光""人有不同阶级"这样的概念，或者说，已经超越了这种概念。在他们眼里，所有人都是兄弟姐妹，国家政权是愚蠢或幼稚的。当我们将这种想法当作最终的政治需求，超越者很容易就会产生这样的想法。对他们来说，用我们常用的那种愚蠢或幼稚的方式去思考，反而是件困难的事。当然，如果他们愿意的话，也能做到。

　　自我实现者在心理、人际、文化、国际等方面趋向于协同。在超越者身上，这种协同得到进一步增强。同时，在自我和身份方面，这些人也更容易达成超越。而且，超越的程度也更大。这些人像所有自我实现者一样可爱，不仅如此，他们还更令人尊敬、更独树一帜、更神圣、更令人敬仰和惧怕。我经常用"伟大的人"来形容他们。

　　这些特征导致，与健康型自我实现者相比，超越者更容易成为创新者，也更容易发现新事物。超越性的经验和启示对他们产生了很多有益影响，令他们能够看清实际是什么样子、应该是什么样子、可能会成为什么样子，以及存在价值、理性追求和完美。

　　与健康者相比，超越者可能更容易有极致性的体验，可能是极致的喜悦，也可能是极致的沉迷。但是，他们并没有健康者那么快乐，因为他们很容易就会陷入一种悲伤的境界，尤其是面对人类的愚蠢、失败、盲目、敌对和短视时。为什么会悲伤呢？可能是因为他们轻易就能看到理想世界，并知道这种世界理论上并不难实现，可现实世界却与之有着鲜明的对比。对超越者来说，这个世界有很多美好之处，也有很多不必要的恶行，但总的来看，它必须向好的方向发展，而人类的本性中存在很多不同凡响的可能性，正因为能够清楚地看到这些，所以他们常常会感到悲伤。只需要五分钟，他们就能写出一个和平、友好、欢乐且绝对可以办到的处方。但是，当这个处方真的付诸行动，却很难真正的成功，因为战争、敌意、消极总会抢先一步。所以，这些人一面因对未来的预想感到快乐，一面因现实感到悲伤，就没什么可奇怪的了。

"精英主义"的矛盾

在自我实现学说中，有一种固有的冲突，即"精英主义^①"冲突。之所以有这种冲突是因为，与普通人相比，自我实现者毕竟是更优秀的人。与健康型的自我实现者相比，超越者更容易解决这种冲突。

在缺失领域中，人们总是更看重精英、更需要精英。但在存在领域，每个人都是平等的、独特的、神圣的，都有无限可能，无法被比较。这两点显然矛盾，要想调和他们，只有超越者能够做到。因为他们同时生活在这两个领域，可以

---

①精英主义：一种以现实主义为基础的理论，主要用于理解、阐述、诠释政治和社会结构及其发展。精英主义理论的主要观点是：某些特定阶级或特定人群中那些心智超群、有财有势的人就是所谓的"精英"，精英对社会发展的作用更大，他们的观点更应该受到重视，他们也更适合去治理这个社会。——译注

轻易地将所有人类神圣化。

每个人或每个生物，都是神圣的。在现实中，超越者很容易就能感知到这种神圣性。对他们来说，这是一种难以忘怀的体验。所以，即便是在现实中十分卑劣的人，超越者依然会将其视为兄弟姐妹一样爱护和照顾，因为他毕竟是家中的一员。但是，由于同时生活在缺失领域，他对现实中懦弱、愚蠢等品质有着清晰的认识。对神圣性的感知与这种认识相结合，令他像神明一样，承担起了惩戒的职责。所以，他虽然会爱护所有人，但所处的位置更像是严厉的父亲，而不是容忍一切的母亲。

很多人认为，学到的知识越多，未知和神秘感就越少，这两者带来的恐惧也越少。因此，在很多人眼里，求知能够有效地减轻焦虑。可是，在超越者看来，事实恰恰相反。他们认为，知识越多，越有神秘感，越感到敬畏。

这一点在高峰体验者和普通的自我实现者身上同样适用。他们将未知、神秘视为一种挑战和一种奖赏，而不是恐惧和惩罚。对他们来说，未知远比已知更有吸引力。

我还发现，最富创造性的科学家知道得越多越容易有陶醉、沉迷的体验。在这种体验中，人可能会感到渺小、谦卑，对恢宏的宇宙产生敬畏，对微小的事物发出惊叹。当这些感受混合在一起，人就会产生一种积极的主观感受。对他来说，这是一种奖赏。超越者之所以能从渺小、无知中感受到快乐，就是这个原因。

我们应该都有过这样的体验，特别是儿童时期。只是相比之下，超越者的这类体验更加频繁和深刻。在他们眼里，这种体验极为重要，是生活的高峰。我们可以将它概括为，在人性发展的最高层次，知识与神秘感、敬畏感、渺小、无知，尊敬、供奉等呈正向相关。这种经验不管是在科学家身上，还是在诗人、艺术家、神秘主义者身上，甚或是政治家、工厂主、母亲及其他类型的人，都同样适应。在我眼里，这是一种可测试的认知理论，也是一种科学理论。

超越者相比于一般的自我实现者更能发现和接受那些外表看起来疯疯癫癫的创造者。因此，他们很适合担任人事经理或顾问的职位。

超越者深知邪恶是无法避免的，从某种意义上来说也是必需的，所以他们更能理解和接受"邪恶"。但是，这并不代表他们面对恶时会无动于衷。相反，他们在抱有怜悯的同时，通常会采取更为果断和坚定的行动。也就是说，他们越理解恶就越坚定了与之战斗的决心，他们虽心怀同情，但在必要的情况下，仍会毫不犹豫地打倒邪恶之人。

我还发现，在超越者眼里，他们自己只是才能的载体，是某个至高存在的工具，是暂时看护伟大智慧、手艺或领导力的人。这说明他们能够较为客观地看待自己。

存在感与高峰体验

在超越型自我实现者和非超越型自我实现者之间，还有一种我尚不能完全肯定的区别，即超越者似乎更容易超越自我、身份和自我实现。之前,我们曾针对健康型自我实现者做过较为全面的描述。我们知道，他们不仅个性坚毅，对自己的目的、愿望、才能以及自我，也都有着清醒的认识。概括来说，这些人都能够坚持自我，遵从自己的本性去发挥自己的功能。这种描述对超越者同样适用。不仅如此，他们还具有更多特性。

由于没有具体的数据支持，我只能依靠对超越者的印象进行推断：我认为，与更加务实的自我实现者相比，超越者更容易感知到存在领域，因而也更容易产生高峰体验。所谓高峰体验，指的是处于本真状态（suchness）下所产生的体

验。此外，超越者也更容易产生孩童身上常见的那种沉迷体
验。孩子总是受一些事物的吸引，并沉迷其中。

与更务实的非超越者不同，超越者讲求的是道家的顺应
自然。存在认知中，一切事物都可以被看成是完美的、令人
赞叹的，好像它原本就应该是这个样子。一般情况下，完美
就意味着无须改进。因此，超越者面对事物时更多的是观
察、凝视，而不是干扰和改造。

在爱的方面，我们常见的爱往往会夹杂一些其他东西，
比如怨恨、欲望、权力等。而自我实现者的爱要更为纯粹，
是没有任何矛盾、冲突的专心一意。超越者尤为如此。

我们最后要讨论的是关于"酬劳"的问题。这涉及酬劳
的"层次"和"种类"。其实，超越者和非超越者在这方面
有什么区别，尚不能确定。但我知道，酬劳有很多种形式，
不限于钱财。而且，对个人来说，钱财的重要性会随着物
质财富的积累和人格的逐渐成熟而不断减弱。换句话说，他
们会越来越看重高级的酬劳形式。事实上，就算在一些看重
钱财的地方，人们看重的也不是钱财本身，而是它象征的身
份、地位、成功和尊重。人们获得钱财是为了赢得他人的尊
敬、羡慕和钦佩。

有很多例子可以帮助我们研究酬劳问题，比如一些招聘

广告。我发现，为了吸引应聘者，这些广告除了钱财还会提供另一些形式的酬劳。这些形式大都涉及高级需求和超越性需求的满足，例如友好的同事、优越的工作环境、稳定的发展程度、理想的满足、个人的成长，等等。

我认为，上述这种酬劳有多少价值与应聘者的心理健康情况有很多关系。也就是说，心理越健康越能理解和体会这种酬劳的价值，特别是在他有足够金钱保障的情况下。不过，我们知道，大部分自我实现都已经超越了工作和娱乐的二分法，也就是将工作和娱乐融为了一体。对他们来说，工作就是娱乐。所以，我们可以说他们从能得到内在满足的工作中得到了酬劳，也可以说他们从日常的娱乐中得到了酬劳。

当我们继续对酬劳问题进行深入调查，可能会发现超越者和非超越者在这方面唯一的区别，即超越者可能会主动寻求一些活动，这些活动大概率会带来高峰体验和存在认知。

我之所以这么说是因为，我认为，当我们想要得到一个健全的心理组织或一个良好的社会时，就必须将领导权与特权、剥削、财富、地位等分离开。而要想做到这一点，并让领导者免遭弱者的仇恨和嫉妒，我认为唯一的办法就是少给这些领导者金钱酬劳，而是提供一种更高层次的酬劳，或者超越性酬劳。此外，还要尽量消除金钱的象征意义，不要把它和地位、成功、尊敬等挂钩。

理论上，上述方法应该是可行的。但我尚不能确定，这是否是超越者特有的一种世界观。我倾向于肯定的答案，因为历史上的很多超越者似乎都是朴素的，尽量不与特权、奢侈、财富等扯上关系。他们之所以那么受人尊敬和爱戴，也有这方面的原因。

对"存在"的认知问题

存在心理学简说

　　个人存在感的各个阶段涉及存在心理学的定义。存在心理学（Existential Psychology）的研究对象范围更广，不只研究那些患有心理疾病的人，还研究那些充分发挥了自身潜能的健康人。这种心理学关注的是目的而非手段。它的重点在于目的性的体验、价值、认知和作为目的存在的人。目的性的体验是指内在的满足和喜悦。作为目的存在的人是指将人当成独立的存在，每个人都是独一无二的，是宝贵的，并非他人可以利用的工具。个体就处于当下，体验当下的一切，其本身就是目的，不是为了回到过去或达成未来的手段。

　　存在心理学关注的是完结和终端，即一种完美的、终极的、彻底的结束，不需要再做任何弥补和改善。是一种纯粹愉悦的状态，是快乐、幸福、喜悦、沉迷、启发；是一种所有问题都被解决、所有期望都得以实现、所有梦想都变成现实的状态；是一种"已经抵达"的完成时，而不是"正在努力"的进行时。就好像高峰体验中不存在任何怀疑和否定，它本身就是一种目的，一种终极的状态，是纯粹的喜悦和成功。

此外，还有完美的状态。人有无限潜能，只要环境合适，他可能成为他能成为的最好的样子，也就是达成一种理想的、完美的状态。

还有充分满足的状态，也就是无所求、无目的的状态。此时，人完全处于享受中，不再挣扎和努力。由于烦躁、焦虑等情绪的消失，人会处于一种自由无畏的状态，充满勇气。

如果所有的需求和缺失都得到了满足，推动人发展的动机就可能得到超越，转化为成长性动机。如果人的内在更整合，达成统一，那么他们就能更好地实现自我，并把更多的时间和精力投入创造中。当他们沉迷于当下所做的事，就能够摆脱过去和未来，与眼前的情境融为一体。

每个自我实现者都有一项事业。他们将其视为自己的使命。通过这项事业，他们的自我得到更加成熟和充分的发展。他们能更接近真实的自己。

对人和事物的存在认知，即感知人和事物的存在，将其视为独立的个体，看透他们的本质。这种存在认知可能发生在高峰体验中，也可能发生在孤寂体验中，还可能发生在生命即将告终时。

对时间和空间的超越。在高峰体验中，人会忘记时间和空间的存在。当人过于专注或沉迷某事时，也会发生这种情况。在这种状态下，人、物，甚至整个宇宙，都不再受时间和空间的限制，就好像它们是完美的、普遍的、绝对的、永恒的。

短暂和永恒、相对和绝对、局部和普遍的融合状态。以永恒的眼光来看待日常中的人和物。一切都是神圣的、伟大的、崇高的、令人敬畏的、值得供奉的。

孩子一样的纯真状态。只是单纯的感知，没有比较、评判，所有特征都是一样重要的，一样有趣的。接受一切，不选择、不偏好、不怀疑。行为上，不压抑、不束缚、不恐惧、不防备、不刻意、不计划、不预想。一切都发自内心，遵从内心的冲动。

接近终极整体的状态，即接近整个宇宙、全部实在，以统一的眼光将每件事都视为它那一类别的整体。巴克的宇宙意识，观察世界的某一部分并沉迷其中，就好像它是整个世界。

超越二分问题，自私和无私、意识和无意识、欲望和控制、快乐和悲伤、情感和理智等所有二元问题都走向融合，成为一个统一体。也就是说，不管是在自我的本性中，还是在非我的世界和现实中，所有对立都变成同一的状态，自私也是无私。此时，美德既能够得到外部奖赏有能够得到内部满足。所有存在价值都很容易达成，无须付出太大代价。这对实现存在价值无疑是一种鼓励。人会变得更加真诚、善良、美好、丰富、统一、勇敢，等等。

能够暂时解决或超越一些存在中的两难问题。比如，高峰体验、存在幽默、存在之爱、存在的艺术和悲喜剧等。

纯真认知与存在认知的区别

铃木大拙①在其著作《神秘论・基督教和佛教》一书中，将"suchness"与日语sono-mama一词的含义等同，都意为事物的"本真状态"。如果加一个英语词尾"-ish"，也可以把它理解为像什么一样。例如，"tigerish"就是像老虎一样。利用这些说法，我们可以对物体整体性的特征进行描述。这些说法会赋予事物独特的性质，把它与世上其他事物分别开。

古老心理学中的"感质"一词能从感官意义上解释"suchness"的含义。感质是指那种难以形容和定义的性质，就像令红色和蓝色不同的那种东西。

---

①铃木大拙（1870—1966），日本著名禅宗研究者、思想家，世界禅学权威。——译注

铃木不仅将sono-mama等同于suchness，还将其等同于统一的意识，等同于"将无限置于你的手中，刹那即永恒"的含义。显然，铃木口中的sono-mama与存在认知是一个意思。不过，他只将对事物本真的感知等同于存在认知中的具体感知，而忽略了抽象感知的那一面。

对脑损伤患者进行描述时，戈德斯坦形容这些人已经退减到具体层面。这与铃木口中的纯真认知是差不多的意思。以脑损伤患者颜色视觉的退减为例：他们只能看到具体层面，无法感知抽象。也就是说，在他们眼里，这个颜色呈现出的是其本真状态下独一无二的颜色，与其他任何颜色都不相同，不属于任何一个类别，与任何东西都不相关、也不相同。没有抽象感知也就是意味着，他们无法将这个颜色与其他东西做比较，无法判定它是更好还是更坏，更绿还是更不绿。我认为，这就是纯真认知的一个特点，即不可比较性。

我们不能将戈德斯坦那种退减到具体层面的现象与健康者感知新鲜和具体的能力混为一谈。不仅如此，我们还要注意这种纯真认知与存在认知的区别。纯真认知只感知具体，存在认知既感知具体又感知抽象，而且还可以是对整个宇宙的认知。

此外，我们还要注意上述内容与高峰体验的区别。比如，在高峰体验的状态下，个人容易产生存在认知，但是，高峰体验并不是存在认知的必要条件。也就是说，即便不在高峰体验中，个体也可能产生存在认知。它甚至可能出现在一些悲伤、消极的体验中。

现在，我们要对两种高峰体验和两种存在认知进行区分。首先是巴克的宇宙意识。在这种状态下，人感知到的是整个宇宙。他会产生一种强烈的归属感，觉得自己身处于宇宙之中，是它必需的一部分。我的研究对象曾对这种体验做出描述："我能看到自己在宇宙内部，在宇宙中的位置，我感到自己是如此重要。但同时，面对宇宙的广袤，我又感到自己是那么渺小。""我在宇宙的内部，是它的一部分。我是这个大家庭中的一员，占据着重要的地位，不是什么陌生人或入侵者。"这是一种高峰体验，也是一种存在认知。它与另一种高峰体验和存在认知有差别，我们要注意区分。

另一种体验和认知中会出现这样的状况：入迷，意识急速收缩，所有注意力都集中到某一特定事物上。个体在这种状态下会忘记世界的其他部分，也会忘记自我。也就是说，他的所有注意力都在眼前的事物上，他沉迷其中，忘了其他一切。这是一种超越，或者说自我意识的完全丧失。此时，对他来说，自我和世界都不在了，感知对象就是整个宇宙，是此时此地唯一的存在。原本用来观察整个世界的感知法则现在用来观察特定的一点，我们沉迷其中，视这一点为整个世界。

这种高峰体验、存在认知与上一种体验和认知是有差别的。但是，铃木在提到这两种体验时并没有进行区分，而是将它们与禅宗的一种悟道（satori）状态等同起来。这种悟道状态通常被认为与日本人口中的"无我"状态是一样的。在无我状态中，个体做任何事都会全心全意，非常专注、坚定和果断，没有任何犹疑或抑制。可以说，这是一种非常纯粹的行动，没有任何缺陷，完全遵从于内心的冲动。这种"无我"状态与我们刚才描述的沉迷当下的状态十分相像。不过，有些禅宗修习者认为，"无我"也可以被视为和宇宙的融合统一。这显然是不对的，两者存在明显差异。

之所以会产生这样的错误，可能是因为禅宗只重视纯真认知，也就是说只注重具体。他们一直认为抽象是危险的，这显然不对。只注重具体会有怎样的害处，我们之前描述戈德斯坦的脑损伤患者时就已经说明了。

作为一名心理学家，显然不能只进行具体感知，将其视为唯一的真理，更不能像禅宗一样，将抽象感知视为一种危险。要知道，我们一直推崇的自我实现者通常是既能具体又能抽象的。对这两种感知方式的选择完全由情境决定。而且，对他们来说，不管是抽象还是具体，都是一种享受。

铃木在书中举的一个例子是对这一点的最好说明：他看到一朵花的本真状态就好像看到了站在天堂沐浴永恒之光的神明。显然，这朵花在这种观察中，不仅是纯粹具体的本真状态，还被视为整个世界的唯一存在。也就是说，它是一朵存在之花，而非缺失之花。当一朵花被看作存在之花时，显然，所有这些关于存在和天堂光辉的永恒和神秘都变成了真实，一切都在存在领域中被观察。也就是说，看一朵花就像是透过这朵花看见了整个存在领域。

无知的纯真和经过深思熟虑后的纯真

在论述本真状态时，铃木大拙将它与儿童身上原始的那种纯真状态画上了等号，这种观点是不对的。

他用"重返伊甸园、复归天堂"来形容这种状态，认为人虽因吃了智慧树上的禁果导致了理智化的习惯，但理论上从未忘记曾有过的纯真。这种基督教的纯真概念向来有一个明显的体现，即对知识的恐惧。在伊甸园中，亚当和夏娃就是因为知识而堕落的。这种对知识的恐惧由来已久，现在主要表现为反智主义。知识与纯真在基督教传统的某些方面甚至被认为是对立的，也就是说，你的知识越多就越难以保持一种单纯的信仰，而与知识相比，信仰显然更重要，所以最好不要获取知识。那些传统的教派无一例外，都很推崇这种反智主义，对学习和知识充满怀疑，就好像在他们眼里，知识是属于神明的，人类不该触碰。

然而，无知的纯真和经过深远思考的纯真显然是不同的。而且，儿童感知事物本质的能力和自我实现者感知具体的能力也是不同的。儿童的纯真来源于他们的无知，他们没有超越抽象，甚至尚未抵达抽象。而自我实现者和成年人的纯真是经历过抽象后退减到具体，是一种"二次纯真"。这两者显然存在很大区别。

成年人的"二次纯真"是指，他们穿行过整个缺失领域，见识了一切冲突、恶行、贫苦、战争后，依然能够超越，进入存在领域，感知到这个世界的美好。也就是说，即便身处于缺陷之中，他们依然能够发现美。这与孩子无知的纯真显然完全不同。那些圣徒、先贤所具有的就是这样的"二次纯真"。

这种成年人的纯真也可以被称为"自我实现的纯真"，它与统一意识（unitive consciousness）似乎有很多相似之处。统一意识中，缺失领域与存在领域融为一体。我们用这种方式可以区分出健康、现实、符合人性的完美境界，也就是自我实现者和那些坚毅强大的人所能达到的最佳境界。只有充分认识缺失领域，我们才能建立起这样的境界。这与儿童的存在认知完全不同。儿童是缺乏社会经验的，对这个世界的了解极为有限，所以他们的纯真是无知的。还有一些思想界人士，他们忽略了缺失领域，只注重存在领域，并以此为基础建立起一个幻想的世界。这个世界显然是不健康的，因为它只感知到"存在"而没有任何"缺失"。也就是说，这个世界的建立没有知识和经验作为根基，完全是一种幻想。

一些思想界人士企图将对存在领域的感知与向童年或无知纯真的退行等同起来，这相当于在说"不要学习知识，否则你会痛苦不堪"。其背后的隐藏含义是"那就笨点吧，无知一点吧，这样你就能摆脱痛苦了"。"这样的你就像身处天堂。世界上的那些痛苦和冲突再也不会出现在你眼前了。"

可惜的是，没有人真的能退行到童年。成年人不可能再变回孩子，学到的知识也不可能当作没学到。一些行为已经发生，你没办法将其撤除。所以，你永远没办法回到童年时的那种无知纯真。既然无法后退，我们就只能选择前进，穿过整个缺失领域，抵达自己的"二次纯真"。这种纯真是经过深思熟虑的，是等同于统一意识的，是能充分理解存在认知的。只有这样，我们才有可能在缺失领域里进行存在认知，从而超越缺陷世界。

　　我们一共提到了三种本真状态：第一种是像脑损伤患者那样的，退减到具体层面的本真状态；第二种是儿童未到达抽象的、无知的纯真状态；第三种是健康者身上可以与抽象能力共存的具体感知。这三种本真状态有很多不同，我们必须了解它们之间的差别。

存在之爱与匮乏之爱

我在研究自我实现者的心理健康时发现，这些高度成熟、健康、充分发挥自身才华和潜能的人，动机生活和认知生活方面与普通人有很大差异。接下来，我将从存在心理学的角度对这些差异进行描述。

我对存在状态的分析源于对自我实现者爱的关系的研究。我将爱分为两种类型：存在之爱和匮乏之爱。大多数人都是匮乏之爱，即一种需要被满足、自私的爱。健康人格者是存在之爱，即一种无私的、对他人或事物的存在之爱。我发现，处于存在之爱的状态时，人会产生一种独特的认知，我将其称为存在认知。

我将尝试对高峰体验中的存在认知进行概括和描述。所谓高峰体验，是指一些情境下产生的最令人愉悦、欣喜、幸福、完满的时刻。这些情境可能是存在之爱的体验、作为父母的体验、神秘体验、广阔盛大的体验、自然体验、对美的感知，也可能是从平凡的工作生活中获得乐趣的创造性时刻，忽然发现病情得到治疗或智力得到提升时的感受，以及性高潮和某项运动带来的成就感等。

我对高峰体验的基本认知主要来源于一些调查，包括对大概80个人进行的访谈和190名大学生针对"描述一下人生中最美好、快乐、激动的体验""此时你的感受与平时有何不同"等问题的书面回答。我对这些答案进行总结和概括，又参考大量神秘主义、艺术、创造性、爱等方面的文献，最终拼合成对高峰体验的完整印象。

广义的高峰体验中有很多存在认知的特征，接下来我会一一介绍。

一般情况下，存在认知中被认知的客体，无论有何关系、是何用处和目的，都会被视为一个整体，犹如一个完整的宇宙。虽然人类受认识、感知、理解能力的限制永远不可能真正感知全部存在，但哪怕只是一部分，依然可以被视为整个宇宙，其整体存在的所有特征都会被保留下来。

存在认知中，认知对象会得到所有关注，就好像其他一切都不存在了，认知对象就是全部。常规的"对象—背景"关系依旧成立，但背景的存在明显被弱化，甚至可忽略不计。

这种存在感知与普通感知有很大不同。存在感知中的感知对象及与其相关的一切都受到关注，并被视为世界的一部分。普通感知中的感知对象往往只被感知部分，而且在感知的过程中会被无意识地比较、评判，然后根据结果被划归为某一类别。因此，我将这种感知称为"贴标签"。我们平时看待世界用的就是这种方式：感知事物的某一方面，根据这一方面的特点对其划分类别，并将此事物视为该类别的一个代表。

存在感知不具有这种类别性，它具有的是一种强烈的个别性，就是将每个人或事物都看成其本身。他是独一无二的，是其所在类别中的唯一成员。这就是所谓的"感知独特的个体"。由于每个都是独特的、不相同的，我们自然也就无法进行比较、分类。所以，存在认知也被称为非比较认知、非评判认知。

这种对个体独特性的感知虽然在高峰体验中偶有发生，但总的来看并不容易实现。现实中，最接近这种感知的就是母亲对孩子的感知。这种感知充满爱。在母亲眼里，她的孩子有别于任何人，是最独特的，也是最好的。

在对自我实现者的心理健康进行研究时，我们发现自我实现者能更好地感知世界。在他们眼里，世界就是其本身，是独立存在的。普通人想要感知这一点并不容易，只有在高峰体验中才能做到。因为高峰体验中的存在认知更容易将事物看作其本身，而不是将它与自己的利益、目的联系起来。

比如看待自然，存在认知中，自然就是其本身，而不是供人类使用的场所，或者其他可以帮助人类达成某些目的的东西。又比如显微镜下的癌细胞，存在认知中，它就是其本身，拥有丰富美丽的结构，令人惊奇赞叹，而不是充满威胁、令人恐惧的病变细胞。从这些例子中可以看出，存在认知能够减弱事物与人类的相关性，让我们更清晰地认识其本质。

存在认知与普通认知似乎还有一个区别：重复进行存在认知会令感知越来越丰富，而重复进行普通认知不仅不会如此，还可能令感知越来越空洞、贫乏。比如欣赏一幅画，存在认知中，如果我喜欢这幅画，那看得次数越多就会越喜欢，也越觉得好看；如果不喜欢，那看得越多越不喜欢，越觉得难看。普通认知中，我们对一幅画的第一感知可能是先判断它是哪一类画、作者是谁、有何用途。普通感知的目的往往是为了满足某种缺失性需求，而这种需求在首次观察时就已得到满足，所以之后观察得越多，兴趣越小，越觉得没意思。

存在认知和普通认知有这样的差异是因为，存在认知感知时带有一种"爱意"。这种"爱意"会令感知者持续、反复、专注地观察感知对象。这种观察更加细致和全面，能令我们发现感知对象内在的丰富性，远非普通感知中随意分类、贴标签的行为可比。由此可见，爱在某些情况下可能比不爱更具洞察力。

抽象认知与具体感知的差异

大多数时候，我们都在进行抽象认知，比如观察、记忆、思考、学习。也就是说，在认知的过程中，我们总是在进行选取、分类、图式化，以构建自己的世界观，基本不会单纯去认知事物原本的、独特的和具体的性质。沙赫特①有一篇经典论文，其中提及了童年记忆和失忆的问题。他指出，大部分的体验都会被舍弃，因为我们已经在内部为自己划定了范围、制定了标准，只有进入这种范围和标准的体验才会被保留。

不过，我在研究中发现自我实现者有一种能力：在进行抽象认知的同时也不会舍弃具体性。这种能力非常重要，能

①斯坦利·沙赫特（1922—1997），美国社会心理学家，美国心理学会杰出科学贡献奖获得者。——译注

够帮助他们更好地理解认知对象独特、具体的本质。除了自我实现者，我还在两种人身上发现过这种能力，一种是卓越的艺术家和心理医生，还有一种就是处于高峰体验状态下的普通人。

一般情况下，人们会将这种具体的、对事物独特本质的感知等同于审美感知。但是，我认为这种具体感知其实有更广泛的应用，不限于审美体验。事实上，我已经证明，所有高峰体验中都存在这种具体感知。

为了便于使用，我们可以将存在认知中的具体感知理解为同时对事物所有方面和特性进行感知。在这一点上，抽象感知有很大不同。

本质上，抽象感知是一个选择的过程。我们根据自己的利益、语言、熟悉度对事物的某些方面进行选择。这种方式虽实用，但也会造成很多错误和偏差。要知道，抽象感知事物时，我们感知的不是事物的全部，而是它的某些方面。在感知这些方面时，我们会以自我为中心，从自身利益出发，对其特性进行选择——留下有用的，舍弃无用的。如果不符合意愿，我们还可能强行创造、扭曲、组织或加工。此外，在进行抽象感知时，我们往往会将事物的各方面与我们的语言系统联系起来。然而，有些体验是无法用语言形容的，如果我们非要用语言描述，就可能造成一些偏差，或将其描述成类似的事物。

当我们感知一个人时，如果第一时间对他进行了分类，将其归入"外国人"之列，那我们就几乎不可能再将他看成一个完整的、独一无二的个体。当我们感知一幅画时，如果最先注意的是他的作者，那我们就几乎不可能再用一种完全纯粹的眼光去欣赏它本身的独特性。也就是说，在感知人或事物时，如果我们不能避免或克制住比较、评判、归类的冲动，习惯性地将其与我们的利益、目的、语言等联系起来，那么也就失去了充分感知的可能性。

赫伯特·里德①曾以孩子"纯净的眼睛"为例。面对一个新鲜事物时，孩子会好奇地摆弄，并在摆弄的过程中发现和理解事物的所有特征。在孩子眼里，这些特征是平等的，没有好坏或重不重要之分。也就是说，他们只是单纯地"注视"，不会去比较、评判、组织它。当大人面对这种情况时，对事物能有多充分的认知，或者说能看到事物的多少方面，完全取决于他能在多大程度上避免对此事物进行抽象感知。

---

①赫伯特·里德（1893—1968），英国诗人、美学家、艺术评论家，英国美学学会主席。——译注

高峰体验中的认知具有感知整体、超越部分的特点。这种特点可以帮助我们更充分地了解一个人。自我实现者能够更敏锐地感知一个人身上其他人看不见的事实、更深刻地洞察人的本质，原因就在于此。

西方心理学和传统的弗洛伊德学派认为，认知必定由动机所推动，并在一定程度上必然以自我为中心。也就是说，一个人对世界的感知只能从自我的角度出发，建立在自我的利益之上。可是，我发现自我实现者的普通感知有时也可以是相对"忘我""超我"或"无我"的。当普通人处于高峰体验中，也会出现这种情况。这种感知可以是没有动力驱使的，是无关乎个人的，是无所求、超脱于外的，是可以从感知对象的角度出发的。换句话说，就是以感知对象为中心的，不需依赖感知者就能建立的。比如，当我们欣赏一件美丽的艺术品时，很可能因为过于专注和沉醉而忘记自我。

普通认知是一个主动的过程。认知者在认知的过程中，从自身的利益出发，对感知进行选取、组织、整理、安排。这个过程会耗费认知者很多能量，并让他感到焦虑、紧张、戒备。因此，认知者会觉得累。相比之下，高峰体验中的存在认知更像是一个被动和接受的过程，主动性没有那么高。

它是克里希那穆提①口中的"无选择的觉察"，也是道家讲求的"顺应自然"。存在认知中的感知是无我的，是没有要求的。它视感知对象为独立的个体，放松地接受而不是急切地拿取。就好像一位优秀的心理医生面对病人时必须被动倾听，以求听到病人的真实想法，绝不能主动拿取，将自己的想法强加给对方，只听自己想听的话。

D.H.劳伦斯②还用另一种方式对存在认知的感受进行了描述。他认为，这种认知是非自愿的，不是凭意志获取的。意志在高峰体验的认知中处于一种暂缓状态，不会主动要求，只被动接受。普通认知刚好相反，意志非常活跃，所以会主动要求、提前计划或者将先感知到的置于主导地位。

①吉杜·克里希那穆提（1895—1986），印度哲学家，代表作《人生中不可不想的事》《重新认识你自己》。——译注

②戴·赫·劳伦斯（1885—1930），英国小说家、散文家、诗人，代表作《虹》《爱恋中的女人》《查泰莱夫人的情人》等。——译注

存在认知的几种危险性

　　我将存在认知视为一种对人或事物本身存在的认知，值得注意的是，存在认知也有危险的一面。比如存在认知会削弱行动力。前文说过，存在认知是非比较认知、非评判认知，是被动的、接受性的认知。这就意味着它不会做出决定，也不会付诸行动。比如看待癌细胞，存在认知中，它是独立的存在，拥有复杂、美丽的结构。人在惊叹的同时会为自己获得丰富的认知感到欣喜，根本不会考虑它的危险及可能造成的威胁，自然也就没有行动的动力。

　　存在认知从存在主义的角度来看，是不属于普罗大众的，是一种类似神明的认知，是仁慈的、被动的、放任的，同时也是无为的。存在认知中，所有愤怒、恐惧、对现状的不满、对改善的渴求、以自我为中心对事物进行的判断等，都被抛诸脑后，它不分善恶、对错，不论过去、将来。总之，这些能驱使人类行动的动力对它都不起作用。这就导致难以行动，至少是难以果断地行动。人只有进行匮乏认知时才可能去比较、判断、决定、行动，或者对未来进行规划。

　　存在认知最大的危险是：在这种状态下，人会获得一种愉悦的满足感，而这种满足感会令人陶醉其中，不愿行动[①]。可是，大部分时间我们都处于现实社会中，为了生存或自身的发展，必然要行动。就像老虎，出于自身"存在"的立场，都有生存的权利，更何况我们人呢？这样一来，一个难以避免的矛盾就出现了：自我实现要求我们必须行动，杀死老虎，但对老虎的存在认知却有截然相反的要求。由此可见，自我实现的概念就算是从存在主义的角度来看，也包含着自私、自我保护和使用武力的权利。因此，不管是存在认知，还是匮乏认知，都是自我实现必不可少的方面。这也代表自我实现的概念必然包括矛盾、果断、选择的成分。所以，自我实现也会附带很多现象，比如奋发、挣扎、努力、

---

　　①著名的奥尔兹实验中有类似的情况：小白鼠会因脑中的"满足中枢"被刺激而停止行动，好像完全陶醉在这种体验。吸食毒品后，人会短暂地获得一种极度快乐的体验。此时，人通常会放缓脚步或者不再活动。如果美梦终将逝去，最好停下脚步享受其中。——原注

怀疑、内疚、悔恨等，这是难以避免的。换句话说，自我实现包含静观的同时也必定是包含行动的。

存在认知的第二个危险是会降低我们的责任感，尤其是在他人需要帮助时，我们可能会因责任感的缺失而静观。存在认知具有很高的被动性，是一种"顺应自然"。可是，"顺应自然"通常意味着不作为。有时候，这种"不作为"会造成非常严重的后果。比如面对婴儿时，如果坚持"顺应自然"，罔顾负有的照顾、保护之责，就可能令婴儿受伤。又比如医生面对病人时，如果只顾欣赏病变细胞的美丽，就可能令病人出现生命危险。如果因"不作为"而伤害到他人，我们自己也会感到内疚。这种静观和不作为还会对被静观者产生一些不良影响，尤其是当被静观者是一些孩子、少年或比较脆弱的成人时。这种不良影响几乎是难以避免的。在被静观者眼中，这是一种冷漠的表现。他们由此体验到人情冷暖，因而不再爱护、信任和尊重他人，甚至对整个世界都充满怨愤。这样一来，他们几乎不再有自我实现的可能。

由于行动力被削弱、责任感丧失，宿命论可能会大行其道。很多人会认为世界不可改变，一切都是注定的，该来的总会来，做再多都没有用。这种论调一旦广泛流行，对个人的成长和自我实现必然会产生一些不利的影响。

存在认知的另一个危险是可能令我们无差别地接受事物，甚至纵容一些不良倾向或行为。存在认知中，每个人或事物都是独一无二、无可挑剔的存在，所以我们不会再对他们进行比较、评估、怀疑或判断。此时，如果我们的身份是爱人、朋友、父母或心理医生，那么全然理解和接纳他们没有任何问题。但是，如果我们是警察、法官或领导，光是无条件地理解和接纳显然不够，还应承担惩戒、教导之责。而大部分人，不管是心理医生还是官员、领导，都不愿意承担这种责任。

可是，现实生活中，我们通常既要当"心理医生"又要当"警察"。这难免会陷入一种矛盾的境地。一般人可能意识不到这一点，但那些人格高度成熟、完满的人却深受其扰。

不过，他们通常能很好地承担起这两种角色带来的不同职责，至少我的那些研究对象可以。这些自我实现者通常既有同情心又有正义感。也就是说，他们不但能理解和同情别人，面对不平之事时，也更能产生强烈的义愤。数据表明，他们在表达自己的愤怒和反对意见时，通常比普通人更加直接和坚定。

如果不用正当义愤的能力去弥补理解同情的能力，就可能导致一些不良后果。比如为人凉薄，即便看到不平之事也难以激发怒气，对真正的才华也无法判别和欣赏。对那些专业存在认知者来说，这可能会成为其职业病。比如，那些心理医生在普通人眼里通常都很冷漠、平静。

存在认知中，如果认知对象是人，还可能造成一些关于"完美"的误解。存在认知中，人被视为"完美"的存在，被无条件地理解和接受，这会极大地增强人的信心，对其精神状态产生有利影响，但同时也可能给认知对象造成很大的压力和负担。存在认知中，"完美"代表的是一种独一无二，是被全然认知和接受，但在匮乏认知中，没有人是完美的。当我们总以存在认知的态度去对待一个人，他可能会认为自己必须达到这种不切实际的、完美主义的期望目标。一旦做不到，他就可能内疚、自责。

存在认知还有一个危险是可能会造成过度唯美主义问题。也就是说，一些人格不够成熟的人，可能无法清晰辨别存在接纳和匮乏认可的区别。他们可能出于深刻的理解而美化一些不良行为。

"存在"有何价值

有一种价值叫作"存在价值"

　　每个自我实现者都有一项事业，无一例外。他们将自身精力投注到这项事业中，珍惜它，重视它。按过去的说法，这就是上天赋予他们的应尽的使命或职责。在命运的安排下，他们从事着他们应该去做的事，并热爱着它。于是，在他们身上，工作与快乐的差异不见了。有的人把自己的全部精力投注于法律，有的人投注于正义，有的人投注于美或真理。这些人无一例外都把自己的全部精力或生命以某种方式投注于某样东西上。通过这样东西，他们可以找到我所说的"存在价值"。这是内在的终极价值，没有比它再简单、再终极的东西了。

　　古人推崇的真、善、美就属于存在价值，此外还有完美、纯粹、全面等，目前已知的有14种，具体如下：

1. 真。它包含真实、诚实、现实、坦率、单纯、丰富、本质、纯净、不虚假等。

2. 善。它包含正直、公正、应该、仁慈、诚实、正确性、合理性、正当性等。

3. 美。它包含完美、活力、丰富、完整、完善、完成、诚实、独特、活泼、纯洁、美好等。

4. 完整性。它包含统一、整合、趋同、简单、相互联结、组织性、结构性、秩序性、协同性、超越二分状态等。

5. 完善性。它包含完美、适宜、恰好、正当、完全、应该、无可超越、不需要、无须改善等。

6. 完成性。它包含完结、终点、完毕、实现、终止、顶点、完满、终端、不缺失、不变化等。

7. 活力。它包含自发性、进行性、不沉闷、充分发挥、自我调节等。

8. 独特。它包含独一无二、个体性、不可类比性、新颖性等。

9. 公正。它包括公平、公道、应该、合宜、正当、必需、不偏袒、秩序、合法性、完善安排等。

10. 简单性。它包含单纯、纯粹、本质、抽象、必需、诚实、坦率、基础结构、不修饰等。

11. 丰富性。它包含差异性、复杂、精细、没有隐藏和缺失、一切都同样重要、顺应自然、无须改善或重新规划等。

12. 自如性。它包含轻松、优雅、不费力、不困难、不紧张、不力争等。

13. 自给自足。它包含独立、自主、自我决定、超越环境、按照自我法则生活、同一性等。

14. 幽默。它包含欢乐、趣味、愉悦、玩笑、活力、热情、轻松、诙谐等。我坚定地认为存在价值包含着一种幽默的成分，因为在描述高峰体验时，人们经常提到它。对此，外部研究人员也有明显的感受。我们很难用英语描述这种存在幽默，因为英语在描述高级的主观体验时往往是无力的。存在幽默是神圣的、超凡的、风趣的。在它面前，任何形式的敌意都显得微不足道。简单来说，它是一种幸福、欣喜、兴奋、愉悦。当它足够丰富或充足时，会满溢而出，这是它的特点。它是一种因人类的存在而生出的喜悦，不管这种存在是强大还是弱小。从这个角度来说，它具有存在主义的性质。它既成熟又幼稚，既蕴含一种成就感又偶尔有一种轻松感。用马尔库塞^①的话来形容，它是终极的、超然的、乌托邦式的。从尼采哲学的角度来看，它具有相同的意味。

自由、不拘束、优雅、幸运、轻松、确信等，都是存在幽默的内在特征。此外，还有对存在认知乐趣的体验，对以自我或手段为中心的感知方式和对时间空间及文化地域的超越。

存在幽默还同爱、美等其他存在价值一样，具有整合作用。它能从某种意义上解决二分问题和其他一些难以解决的问题。对于人类的处境，它能提供良好的解决方案，即把我们当前的困难、挫折等视为乐趣。在存在幽默的作用下，我们能同时生活在匮乏领域和存在领域，既有堂吉诃德的诙谐又有桑丘·潘沙的忠实。

上述所有存在价值的存在令自我实现的结构变得更加复杂，它们像需要一样在产生影响，我将其称为"超越性需要"。如果剥夺这类需要，就会造成某些类型的病状，我将这些病状称为"超越性病状"，也就是"灵魂病"。例如，一个人长期生活在周围人满口谎言的环境下，就不会对任何

①赫伯特·马尔库塞（1898—1979），德裔美籍哲学家、社会理论家，法兰克福学派左翼主要代表人物，有"新左派哲学家"之称，代表作《理性与革命》。——译注

人产生信任，他因此而形成的病态就是一种灵魂病。治疗这种因为某些超越性需要未能得到满足而形成的灵魂病，需要求助于"超级咨询师"，就像治疗因为某些需要未能得到满足而形成的简单问题得求助于咨询专家一样。

其实，对绝大多数人来说，这些存在价值就是生活的意义所在。但是，很多人对自己的这些超越性需要甚至毫无知觉。帮他们意识到自身的这些需要，是咨询师的一项重要任务。就拿许多年轻人来说，虽然表面看来调皮捣蛋，但他们的本质并不坏。在我眼里，他们是非常理想主义的，他们也在寻求价值，想要将自身全部的精力和热情投注到某项事业中。他们时刻都在面临选择：是前进？是后退？是远离？还是走向自我实现？该怎样更好地成为自己，咨询师或超级咨询师能给出答案吗？

高峰体验中的存在认知与常见认知有很大差异。常见认知往往受手段价值的影响。我们感知某个事物时，总是无意识地对它进行比较、评判，而这些比较、评判全都建立在自我的利益之上。也就是说，我们是以自身的价值为根据去感知一切。这与对整体世界的感知，或者对高峰体验中被我们视为整体世界的部分世界的感知，有很大不同。只有在感知整体世界时，我们才能感知到世界的价值。

　　这些存在价值显然并不互相排斥或对立，它们是可以互相叠加和融合的。从根本上来说，它们是存在的各个方面，而不是组成部分。当行为显示出相应的某一方面时，我们会立即感知到，并纳入自己的认知。比如一幅好看的画，我们看到的第一眼就会感知到美。

　　这不禁令人想到传统的三位一体：真、善、美的融合与统一。我的一项研究表明：在普通人身上，真善美互相关联的程度较高；在神经症患者身上，关联程度较低；在高度成熟、健康、充分发挥了自身才华和潜能的自我实现者身上，这三者的关联达到了一个非常高的程度，可以说是"融为一体"。值得一提的是，高峰体验中的普通人有时也能达成这种状态。

　　此发现显然有悖于"感知越客观越脱离价值"这一指导一切科学思想的基本公理。在很多高级知识分子的眼里，事实和价值往往是互相排斥和对立的。可是，在最被动、最超越自我、最无动力驱使同时也最客观的存在认知中，情况正好相反。这种认知在感知事实的同时也直接感知价值。人们的惊叹、赞美、敬畏、推崇为事实被赋予了价值。这一刻，事实与价值融为一体，"是然"等同于"应然"。

"存在"与"成为"并不矛盾

几百年来，哲学家们始终被一个问题所困扰，即所有人类似乎都在为了一个终极价值或目标而奋斗。这个价值或目标虽然有很多名字，比如自我完成、个体化、生产力、自我实现等，但本质上并没有什么区别，都是指对个人才华、潜能的充分发挥。换句话说，就是让一个人成为他能成为的最好的人。

不过，个体对此并不了解。这个概念实际上是由心理学家们创造的，以便于整合和解释他们在研究中得到的各种数据。个体能够了解到的只是对各种需求的极度渴望，比如对安全的渴望、对爱的渴望等。他并不了解，当一种需求被满足后，还会有另一种需求层级中更高级的需求出现，并占据主导地位。这种在某个时期出现并主导其意识的需求，对他来说就相当于生命的终极价值。因此，这些基本需求或基本价值既可以被视为目的，也可以被视为实现最终目的的手段。

这种理解也有助于我们解决"存在"和"成为"之间的矛盾。人类确实在竭尽所能地追求一种终极价值，这本身可能就是一种成为和成长。这看起来就像是，我们一直在追求一个永远无法实现的目标，并为此竭尽全力。不过，一个好消息是，好的成为会带给我们回报，以高峰体验的形式，或者一种短暂的、绝对存在状态的形式。

对我们来说，基本需求的满足会带来很多高峰体验。而且，无论何时，这种体验都是愉悦的、令人欣喜的，能够全面肯定我们的生活。有人认为生命的尽头才有天堂，实际上，生命的过程中就存在天堂。我们偶尔能够进入其中，得到极致、完美的体验。这种经历会对我们产生很多有益的影响，支持我们在平凡的生活继续努力前行。

我们无时无刻不在成长，这种成长本身从某种意义上来说就是令人愉悦的体验。这种体验虽然没有高峰体验强烈，但同样能令我们有所收获，并肯定自我的存在和价值。从这个角度来看，"存在"和"成为"其实并不冲突。

存在价值能超越自私与无私、精神与肉体、世俗与信仰等传统的二分问题。当你做着自己喜欢的工作，将所有精力都投入对你看重的最高价值的追求中，那你无疑是自私的。但是，从另一个角度来看，你又是无私的，因为他追求的最高价值是有利于他人的。如果你追求的最高价值是真理，也就是对你来说，它是最重要的，是你无法割舍的一部分，那么不管这个世界上的哪个地方出现谎言，你都会心神不宁、忐忑不安。只有真相大白，才能令你觉得安稳。从这种意义上来看，你的自我已经扩展到包容他人，甚至包容世界的方方面面。无论在哪个国家，只要有人受到不公正的对待，你就会感同身受，哪怕你可能根本不认识这个人。

如果我们能够将存在价值的唤醒和实现当作教育的一个重要目标，那么我们的文明可能会迎来另一种繁荣。人类会更接近于自我实现，会更健康、更能掌控自己的命运、承担自己的责任。面临人生选择时，有一套更合理的价值进行指导。对于生活的这个社会，人们会更愿意付出，更积极主动地去改变。所以说，推进心理健康等同于推进精神的安宁和社会的和谐。

工作的内在价值

　　自我实现者对他们的工作充满热爱，但他们爱的并不是工作本身，而是工作所体现的内在价值。正是这些价值令他们觉得自己的辛苦和忙碌是值得的。当你询问他们，在工作中有哪些时刻会感到满足，或者产生高峰体验，他们可能会给出很多答案，比如实现公正的时刻、惩罚恶人的时刻、看到善良得到回报的时刻、厘清糟糕局面的时刻，等等。当我们对这些答案进行归类时就会发现，它们大多可以概括为一种抽象的"终极价值"，比如真实、美好、公正、简单、完善、单纯、平静、秩序、独特，等等。

　　在这些人眼里，工作只是这些终极价值的载体、手段或化身。例如，在律师眼里，他从事的法律工作并不是目的，而是达成公正的一种手段。也就是说，他喜欢的不是法律本身，而是它代表的公正。这与单纯喜欢法律、法规的人显然存在区别。

一种职业可以是目的，也可以是达成某种目的的手段。换句话说，它既可以受基本需求动机支配，也可以受超越性需求支配。据我观察，人越接近自我实现就越能发现他的"工作"是由何种需求支配。一个人格高度发展的人更倾向于将"法律"视为追寻公正、真理的手段，而不是名誉、地位、特权、财富的保障。面对"你在工作中最大的满足和快乐是什么""你对工作中的哪一方面最满意"等问题，人格高度发展的人更倾向于从内在价值、超越自我的角度来给出答案。

我们之前详细地描述过存在价值，所以不难发现，工作的内在价值与存在价值有很多相同之处。甚至可以说，内在价值就等同于存在价值。我对存在价值的描述完全可以应用到内在价值中。我是从高峰体验、艺术、教育、心理治疗、科学、数学等研究的终点发现了存在价值。现在，又多了一条发现存在价值的路线，即自我实现者的工作、事业、使命和天职。

换言之，现在开始激励自我实现者的是超越性需求，也就是存在价值。或者说，不管这些终极价值以怎样的方式组合，都会对自我实现者造成一定程度的影响。也就是说，支配自我实现者的主要是超越性需求的动机，而不是基本需求的动机。

如果我们想完整地定义一个人，就不可避免地要涉及存在价值。这些存在价值是其本性的一部分，与他的低级需求共存。我不确定是否所有人都如此，但起码自我实现者是这样的。任何对人或完满人性的终极定义都离不开存在价值。虽然在大部分人身上，存在价值并没有明显的作用，但据我观察，它存在于所有人身上，只不过是作为一种潜能。

存在价值被剥夺，人会出现"超越性病态"

我们说教育的最终目标应该是人的"自我实现"，那自我实现到底是什么呢？我们期待的理想教育又能培育出怎样的心理特征呢？自我实现者的心理状态十分健康，基本需求也都得到了满足，他们为何还如此忙碌？是什么在驱使着他们？这是因为每个自我实现者都有一项事业。对他们来说，这是他们甘愿奉献一生的使命，也是他们常挂在嘴边的"工作"。一位律师已经达成自我实现，但他仍孜孜不倦。你问他为何如此，他可能会说："我特别讨厌看到他人被利用，这是不公平的。"对他来说，公平就是终极价值。自我实现者之所以竭尽所能地完成自己的使命，似乎就是为了这些终极价值。在他们眼里，这些价值无比重要，值得誓死捍卫。对他们来说，这些价值不是抽象的，而是身体的组成部分，就像骨骼和血管一样。可以说，这些存在价值是驱使他们从事某些事务的重要动力之一。

这些价值是本来就存在的吗？对生命体来说，它们是像爱或维生素那样不可或缺的吗？我们知道，人体缺乏维生素就会生病，婴儿缺乏爱就得不到很好的照顾，可能会夭折。那存在价值被剥夺也会造成病态吗？确实如此。比如，真理被剥夺，我们就可能像患有妄想症一样对每个人、每件事都充满怀疑，不再信任任何人，觉得每件事背后都有深意。这显然是一种病态，心理上的病态。我称之为"超越性病态"。也就是说，当存在价值被剥夺时，会导致"超越性病态"。

美也是一种存在价值，被剥夺时同样会导致疾病。例如，在丑陋的环境下，对美较敏感的人会烦躁、郁闷，甚至引起生理上的不适。为了研究美丽和丑陋的环境会对人造成怎样的影响，我做过一系列实验。在一个丑陋的房间里，研究对象观察人脸照片时通常会产生不好的判断，认为这些人要么有病，要么存在某种威胁。如果你的敏感性较低，或者能轻易转移自己的注意力，这种丑陋环境对你的影响就会变小。反之，则会变大。从这个例子可以推断，一个人如果生活在糟糕的环境里，交往的都是卑鄙丑恶的人，就可能生病。反之，如果生活在一个好的环境里，交往的都是优秀端方的人，就可能有所提升。

公正同样是一种存在价值，它被长期剥夺时会产生怎样的影响，历史已经告诉我们。失去公正的海地人民不再相信任何人、任何事，他们对一切都充满怀疑，觉得腐朽和堕落无处不在。

我们可以用一张表格来进行说明，看看不同的存在价值被剥夺时，分别会产生哪些超越性病态。

	存在价值	致病性剥夺	对应的超越性病态
1	真	假	缺乏信任，没有信念，痛恨社会，怀疑、猜忌一切
2	善	恶	极度自私、利己，仇视一切，只相信自己。排斥人类生存的基本方面，认为世界、生命的存在毫无意义，即虚无主义
3	美	丑	粗鲁、庸俗，在特定的情境下，会感到焦虑、抑郁、紧张、黯然、疲倦，失去品位
4	完整性	模糊、混沌，失联、原子主义	肆意妄为，瓦解，世界正在崩塌

（续表）

	存在价值	致病性剥夺	对应的超越性病态
5	超越二分问题	非此即彼，强制选择和极化，对程度丧失意识	非此即彼的思维，认为一切事物都是对立的、冲突的，缺乏协同合作的能力。生活观的简单化
6	活力，发展	无精打采，刻板化、机械化	无精打采、暮气沉沉，对生活没有激情。机械化，感觉自己是个傀儡。空虚体验
7	独特性	一成不变，可被代替	丧失自我感和个体感，轻视自己，自卑，碌碌无为
8	完美	不完美，轻率，粗糙，名不副实	颓丧，没有希望和目标
9	必然性	偶然，不安稳	混乱，难以预测。防御、戒备，没有安全感
10	完成性	未完成	永远有种未完成感。不愿意尽全力，失去希望。敷衍，不愿尝试
11	公正	不公	愤怒，憎恨世界和一切不平，失去信任。胡作非为。以优胜劣汰、弱肉强食的丛林法则行事。极度自私
12	秩序	混乱，丧失权威，为所欲为	失去安全感，忧虑。难以预测。时刻戒备，紧张

（续表）

	存在价值	致病性剥夺	对应的超越性病态
13	简单性	混乱，复杂，不顺畅	过于复杂，困惑，迷失，找不到方向
14	丰富性	贫乏，狭小	郁闷，压抑，对世界难以产生兴趣
15	自如性	费力	疲倦，紧张，力争，不协调，不灵活
16	幽默、有趣	没有幽默感	压抑，严厉，丧失热情，没有乐趣，不会享受
17	自足	机遇，偶然	习惯于依赖他人
18	有意义	无意义	空虚，失望，生活枯燥

我发现，很多超越性病态并没有产生明显的作用。这是个非常有趣的现象。我遇见的年轻人里有很多都满足自我实现的条件。也就是说，他们已经满足了自身的基本需求，也能较为充分地发挥自己的功能，且没有任何迹象表明他们有心理疾病。但是，他们的自我实现并没有顺利进行。他们怀疑一切存在价值，不管是真、善、美，还是公平、公正，在他们眼里都是苍白的、空泛的。他们甚至对自身都充满怀疑，不确定能否造就一个更好的世界。于是，他们唯一能做的就是表达抗议，以一种没什么意义的、破坏的方式。可

见，当你认为生命没有价值，你与现实的关系就会发生扭曲，或者受到干扰。这样一来，即便不患上神经症，在认知和精神方面，也有很大可能受到疾病的侵袭。

　　我们知道，人有许多需要，这些需要又分为许多层次。生物性需要在下，精神性需要在上。存在价值与此不同，它们之间的地位是平等的，没有层次之分。每种价值之间互相配合、互相促进。比如，"真"是真实、真诚、坦率，也是完满、美好、丰富、单纯，还是幽默、有趣；"美"是完美、完善，也是诚实、正直、纯净，等等。如果每种存在价值都可以用另一种存在价值的概念进行说明，那么根据因素分析原理，我们就可以推断，所有存在价值的背后都存在某个一般因素，也就是统计术语中的G因素。存在价值其实是一个整体，每种价值只是这个整体的不同方面。从这个意义上来说，科学家和律师，虽然一个以探求真理为使命，一个以维护公正为使命，但本质上并没有什么不同。他们只是在这个整体上找到了最适合自己的那一面，并愿为此奉献终生。

事实与价值的融合

这世界该有的样子

关于事实与价值的融合这个议题，高峰体验是最好的证明。所谓高峰体验，是指一些情境下人能体会到的最愉悦、欣喜、幸福、美好的时刻。它多发生于我们内心真正体验到美的时刻。比如，创造时的全情投入、存在之爱的体验、为人父母的体验、性高潮的体验、自然分娩的体验等。显然，高峰体验是对生活中最欢乐、最兴奋、最沉迷、最欣喜体验的概括，是一个泛指和抽象的概念。

不过，当我把所有这些最愉悦的体验综合起来看时，发现它们有一些共同的特征。这些特征似乎可以概括为某些抽象的词汇，而这些词汇在任何一种高峰体验中都能适应。

在高峰体验的状态下，世界有哪些不一样的地方呢？当我这样问我的研究对象时，他们给出的答案非常丰富。但综合来看可以概括为：真、善、美、整合、活力、完满、必然、公正、简单、轻松、丰富、独特、愉悦、自足、二元消解。这显然都是一些抽象词汇，每个词都可以包含很多内容。

这就是在高峰体验状态下世界显露出的样子。与平时相比，更加真实和美好。我原本认为这是对世界的一些描述或形容，但我的研究对象却表示，这就是世界本来的样子。这种描述就像记者目睹某一事件后所做的描述。在记者或观察者眼里，它是一种启示，是人们过去不曾注意到的、有关现实的真实特征。

这些对现实和世界的真实特征的描述与那些对终极价值、存在价值的描述，看起来没什么不同。例如，传统的三位一体——真、善、美，就同时存在于这两份特征表单中。换句话说，这张描述现实的真实特征的表单，也能用来描述那些思想家、哲学家一致认同的关于生活的终极价值。

正是这些终极价值为生活赋予了意义。人们竭尽所能，无视痛苦和磨难，甘愿奉献自己的一生，就是为了获取这些价值。它们通常出现在最优秀的人身上。当这些人的状态达到最佳，环境最合适时，它们就会显露出来。因此，它们也可以被称为"最高价值"。不管是心理治疗还是广泛意义上的教育，都是在往最高价值的方向努力。我们尊敬、推崇的那些英雄、先贤，甚至信仰，都具有与最高价值相同的特征。这也是我们尊敬他们的理由。

此时，我们对他们的认识和对他们的评价等同了。也就是说，"是"等同于"应该"，"事实"等同于"价值"了。世界真实的样子等同于我们所希望的样子，"是怎样的世界"等同于"应该成为的世界"。换句话说，事实与价值已融为一体。

我们接下来要探讨的是事实与价值融合的方式。鉴于"价值"一词有很多种不同的含义，我们对这种融合的探讨也可以从不同的角度来进行。

心理治疗中，在寻求自我同一性、真实性时，人们想到的基本都是关于"应该"的问题。例如，我应该是什么样的？我应该怎么做？我应该一直追求这一项事业吗？我应该离婚吗？我应该继续活着吗？

面对这些问题，没有受过专业训练的人可能会站在对方的立场给予一些建议，回答："如果我是你，我就……"但是，受过专业训练的心理治疗师不会如此。我们从不建议别人应该做什么，因为我们知道这毫无作用。

我们很清楚，要想让一个人明白他应该做什么，最好的办法是先让他明白自己是什么，也就是让他发现自己的本性，发现自己最真实的需求，只有这样，他才能知道自己应该怎么做。也就是说，一个人越能发现自己，越能了解自己的本性、自己的渴求，他就越能轻松自如地做出价值选择。换句话说，只要知道了一个人的本性是什么，知道了适合他的是什么，这样一来，许多问题都消失了。只要知道什么合乎一个人的本性，什么是合适的、正确的，后面许多问题就很容易解决了。

换句话说，在帮个体进行心理治疗时，我们可以经由"事实性"寻找"应该性"。一个人被了解得越清楚，他就越真实、越不会被误解，也就具有越多的应该性。可见，对一个人本性的探索既是"是"的探索也是"应该"的探索。这种价值探索是科学的，因为它本质上是对事实、真理的探索。

"是"和"应该"的另一组对照是治疗过程和治疗目的。这两者显然紧密联系，甚至是完全相同的，都是为了弄清一个人是什么。只有弄清楚一个人"是"什么，才能知道他"应该"做什么。一个人内心深处是什么，他就应该成为什么。

从目的决定论的角度来看，这里提到的"价值"是指我们竭尽全力想要达到的终极、或者说极致快乐，正好就存在于眼前。也就是说，我们努力寻求的自我就在当下。这就好像真正的教育就存在于每天的学习中，而不是最后的那张文凭里。很多信仰中，生命是无意义的，所以我们追求的"终极"往往要死后才能进入。可实际上，"终极"就存在于我们身边，可能在任何一个时间段。当下，我们就能够体验到。就好像旅行，我们没必要非把它当成达成某种目的的手段，只需享受它当下所带来的快乐。

接纳现实，才会发现美好

　　接纳的态度有助于事实与价值的融合。这种融合的基础不是改善"是"，而是降低对"应该"的期望，令其更接近现实。

　　当我们对自己的要求过高，并确认自己达不到这种要求时，当我们看到自身的懦弱、嫉妒或自私时，我们期待中的完美形象就会瓦解。这种真实的认识通常会让我们觉得颓丧，甚至绝望。我们会自责，会想要放弃自己，会觉得自己没有价值。此时，对我们来说，"是"与"应该"的距离非常遥远。

　　不过，成功的心理治疗都有一个明显的特点，即接纳的过程。在这个过程中，我们对自己的态度会从厌恶逐渐转变为顺应自然。在这种顺应自然中，我们可能会进一步想："这件事毕竟没有那么糟糕，它是符合人性的、是可以被理解的，就像有时候一个好妈妈也会讨厌她的孩子一样。"

我们的所思所想有时还会更加深入，达到一种这样的状态：愉悦、欣喜地接纳人性，并充分地理解失败，因此视人性为一种赏赐，认为它是美的、合意的。在这种状态下，一个原本厌恶、畏惧男性化的女人会逐渐改变她的态度，从欣赏到仰慕、敬畏，直至最终满心欢喜地完全接纳。原本令人憎恶的东西有一天也会变成令人喜欢的东西。这位女士改变了自己对男性化的看法。这样一来，在她面前，她的丈夫就能成为他应该成为的样子。

面对天真无邪的孩子时，如果能做到不责备、不要求，那么无论是谁，都可以从孩子身上体验到人性之美。我们能接纳他们到哪种程度，就能在哪种程度上发现他们的完美。哪怕只是一瞬间，也不能否认孩子给人带来的感受。那是一种真实的美好，是与众不同的、让人怜爱的。于是，我们关乎期望和愿景的那种未被满足的主观经验与得到满足及同"应该"出现时我们所感受的主观体验，相互融合。这句话是什么意思？我们可以用阿兰·瓦茨的话来解释："……很多人在生命即将告终时都会有一种不同寻常的感受，觉得可以接受生命中发生的所有事。不仅如此，还觉得所有愿望都同希望的那样得到了满足。这种愿望无关于迫切的需求，它是必要的事实与愿望两者同一性的意外相遇。"

罗杰斯的小组实验已经证明，在成功的心理治疗中，理想自我和实际自我会逐渐接近，直至融为一体。霍妮也有类似的话：理想自我与真实自我会慢慢改变，并逐渐接近，融合为一个统一的东西，而不是迥然不同的东西。在解读"超我"的概念时，弗洛伊德也有过类似的话：在心理治疗的过程中，超我的比重下降，个体会发生变化，成为更友善、更认同自我的存在。换句话说，个人的理想自我与个人的实际自我逐渐接近，包容接纳了对自我的尊重，因此也能包容接纳对自我的爱护。

如果一个人对人性有更深入的观察，并因此感到以前的幻想崩塌，那么我们就可以说，这个人之前的那些幻想是不切实际的，是虚假的。二十五年前，在一项性学研究中，我的一位研究对象丧失了对精神的信仰，因为她认为性行为是肮脏的、淫秽的，她完全不能接受。还有中世纪的一些僧侣，经常陷入苦恼，因为他们认为自己的动物本性是不符合他们的精神追求的。在我看来，这是非常愚蠢的，完全是自寻苦恼。

如果我们已经认定人性的某些特征是污浊的、罪恶的、粗暴的，那么人性自然也是如此。这就好像我们认定粪便或月经是污秽的，那么人体自然也是污秽的。所以，如果我们想缩小"是"与"应该"之间的距离，那么就要以一种更接近现实的方式去定义它们。

统一意识

一般情况下，事实与价值融合可以沿两个方向进行：其一是对现实状况进行改进，令其更接近理想状况；其二是降低对理想状况的期望，使其更接近现实情况。在这两个方向之外，其实还有另一条道路，即统一意识（unitive consciousness）。

当我们具备这种能力时，就可以发现"事实—是"中的特殊性，同时也发现它的普遍性，既将它视为当下又将它视为永恒。在我眼里，这是一种对缺失领域和存在领域的整合，也是在缺失领域中觉察到存在领域。

其实，这种现象很常见。例如，在对儿童的观察中，我们发现他们身上存在极大的潜能。从某种意义上来说，他们拥有无限可能，也就是他们可以成为任何人。这一点几乎是显而易见的，同时也是令人敬佩的。每个孩子都是独一无二的。长大后，他可能成为总统，也可能成为科学家或艺术家，成为天才或英雄。此时，在一种现实的意义，他确实具有这些潜能。换句话说，这些各种各样的可能性正是他的一部分事实性的体现。如果我们能充分观察一个孩子，这些可能性和潜能就会毫不遮掩地显露出来。

要想成为一名出色的心理治疗师，必须具备这种统一的认识。面对病人时，他必须能够做到罗杰斯口中的"无条件地积极关注"，并且能够将病人视为独特而神圣的存在，同时对病人的缺失及需要治疗的现状有所察觉。还有一点需要注意，无论病人曾做出过什么样的恶行，都要给予他足够的尊重，把他当成人类的那种尊重。

我们要看到人类神圣的一面，同时也不能忽略污浊的一面，只有这样才能形成统一的认识。难以觉察那些普遍的、永恒的、无限的、基本的特征，本质上是一种向具体层面的退行。

总而言之，统一的意识可以帮助我们同时看到"是"和"应该"，既看到事物具体的真实性又看到它的可能性和目标价值。它既是可能实现的，又是在现实中、在我们眼前真实存在的。因此，它让我们看到了一种可能性，即我们似乎可以按照自己的意愿将事实与价值融为一体。

　　一个人如果足够聪明，并且有强烈的意愿，那么几乎任何手段价值都可以转化为目的价值。比如，一份工作，起初是迫于生计不得不做，最后却慢慢变成出于真心喜欢而做。此时，这份工作从一种手段变成了一种目的，也就是具有了价值，我们称之为"实体化"。其实，哪怕一份工作极为单调和枯燥，但只要它有价值，就值得被尊重。即便用"神圣"来形容它也不为过。我们以一部日本电影中的情节为例：一个人得了癌症，生命即将告终，这时，生命的每分每秒都变得有价值，也有意义，原本枯燥的办公室工作也实体化了。将事实转化为目的价值，这也是一种融合事实与价值的方式。

自我与非我的统一

自我实现者热爱他们的工作，并倾向于将其向内投射，这意味着自我已经扩展到包容整个世界，从而超越了自我与非我的二分法。因此，存在价值或超越性动机在属于内部的同时，也开始属于外部。也就是说，内在的超越性需求与外部要求在互相刺激和回应的过程中逐渐靠近，并慢慢融合为一个统一体。

这代表对自我和非我二分法的超越。此时，世界的一部分已经与自我融为一体，所以个体与世界间的差异减小了。换句话说，自我得到了扩展。如果在他眼里，正义、真理、公正这些价值真的那么重要，甚至等同于自我，那么这些价值是在他的内部还是外部呢？此时，他的自我已经不再受限于躯体，而是扩展到包容世界的方方面面，所以做这种内与外的区分并没有什么意义。对他来说，内部的光与外部的光已经等同了。

这也是一种对自私的超越。我们必须在一个更高的层次上，对这种超越进行解读。例如，一个人把食物给他的孩子，看着孩子吃可能比自己吃还要快乐。此时，他的自我已经扩展到包容他的孩子，伤害这个孩子和伤害他没什么区别。这个自我显然已经超越了生物学上的那个有机体。也就是说，他的心理自我扩大了，已经不再受限于身体。

自我可以扩展到包容我们爱的人，同样也可以扩展到包容我们热爱的工作和价值。例如，很多人不惜冒着巨大的危险和牺牲投身于反对战争、种族歧视的活动中，对他们来说，这是一种对正义的追求，而这种追求不仅会带来躯体上的好处，还会带来一些超越躯体的东西。在他们眼里，正义属于所有人，是在一种普世价值。因此，攻击存在价值就等同于攻击认可这些价值的人，可以被视为一种对个人的侮辱。

当一个人的最高自我与世界最高价值等同，某种程度上，也可以被视为一种自我与非我的融合。不过，这种融合不仅在自然界适用，在其他自我实现者身上同样适用。也就是说，这种人自我中最珍贵的部分等同于其他自我实现者自我中最珍贵的部分。他们的自我有很多相同之处。

这种价值与自我的整合还有其他一些影响。这些影响都非常重要。比如，你可以对存在于外部世界或他人身上的正义和真理产生好感。如果朋友追求正义和真理，你会感到快乐。如果他们远离正义和真理，你会感到伤心。这一点很容易理解。当你发现自己正走在通往正义、真理、美德的路上时，你又会如何呢？你可能会在一种特殊的、超脱的、客观的看待自我的态度中发现，你对自己充满热爱和敬慕。用弗洛姆的话来说，这是一种"健康的自恋"。你能够尊重自己，钦慕自己，爱护自己，奖励自己。在你眼里，自己是有道德的，值得被爱、被尊重的。而且，有才能者会将自己视为某些东西的承载者，并加以保护。不仅保护自己，还保护自己的价值。我们暂且称他为"自己的保护者"。

"高峰体验"专述

美好的人生感受（一）：接纳一切、包容一切

　　很多西方心理学家将"行为"视作为达成目的而使用的手段，认为我们不管做什么事都是为了达成某个更远的目标、实现某个更远的目的。约翰·杜威[1]在其价值理论中甚至认为目的根本不存在，存在的只有为达成目的而使用的手段。详细解释就是，我们做一件事是为了实现另一件事，而另一件事又是为了实现更远的事，更远的事又是为了更更远的事，以此类推，所有事都是为了达成另一件事的手段。这种观点显然不适用于高峰体验。因为高峰体验的目的就是其本身，它是一种目的体验，而非手段体验。我的研究对象将纯粹喜悦的高峰体验视作人生的一种终极目标，同时也是人

---

　　①约翰·杜威（1859—1952），美国著名心理学家、哲学家、教育家，机能主义心理学的创始人之一。——译注

生意义的终极解释和证明。

确实，无论哪种高峰体验，是爱的体验、神秘体验、审美体验也好，是创造体验、觉察体验也好，都是非常宝贵的经历，都具有重大的启示。这一点甚至不须要证明，其本身就是最好的解释和证明，强行证明反而会贬损其尊严和价值。我的研究对象对各种高峰体验的描述足以证明这一点。哪怕是心理治疗中可能带来痛苦的觉察体验，都不能让人质疑其价值。很多人都认为，这种体验虽然会带来痛苦，但仍是值得的。

综上所述，在人们的感受中，高峰体验应该是一种能够自我证明、自我解释、具有强大内在价值的时刻。它不会出现得很频繁，每个人的一生可能也就两三次，但仍能对我们的生活造成影响，提高生活的价值。

我在研究中发现，高峰体验总是好的、善的、适宜的，且具有内在有效性，本身就已足够完整和完美，无须附加任何东西。面对它时，人们的反应多是惊叹、讶异、敬畏、谦虚，有时还会欣喜若狂，或者发自内心的推崇、尊敬，甚至觉得自己在沐浴"圣光"。总的来说，高峰体验在存在意义上是令人喜悦和有吸引力的。

如果我们以"在高峰体验中，人能够更清楚和深刻地洞察现实的性质和本质"为前提，就会发现上述描写与很多哲学家"整体存在总是中立的、善良的，而邪恶、痛苦、威胁只是由于没看到整体世界、从自我角度出发而产生的片面现象"的主张不谋而合。

在信仰概念中也有类似的观点：神明能够照见、包容一切的存在，在他们眼里，整体存在是必然的，也是中立和善良的，而邪恶是狭隘、自私的。神明能够观照、包容一切，因而也能理解一切。所以，他们永远不会责怪、失望、讶异。面对那些不好的地方，他们的反应是怜悯、包容、慈悲，可能为之感伤，也可能将其视为一种独特而有趣的存在。自我实现者和高峰体验中的普通人面对世界时就是这种反应，心理医生面对病人时渴求的也是这种反应。不过，这种类神的、包容接纳一切的、视所有东西为独特而有趣存在的态度几乎不可能实现，我们只能在一定程度上不断地去接近它。也就是说，我们虽然不可能成为神明，但可以从程度和频率上向其趋近。

对处于高峰体验中的人来说，这种类神的，友好、包容、仁慈、幽默地对待一切的态度还体现在对自我和世界的接纳上。无论他们平时有多么狼狈和糟糕，在高峰体验的状态下都更容易接纳自我和世界。

一直以来，神学家们都有一个难题：如何做到对善恶奖罚分明的同时又不违背全爱、全恕的精神。现在，我们似乎可以通过比较存在感知和匮乏感知这两种完全不同的感知来解决这个难题。存在感知是一个制高点，一般不会经常发生，每次的时间也很短。人们平时感知的方式还是以匮乏为主，就是对事物进行比较、评判、关联、归类和使用。如果我们在感知一个人时交替使用这两种方法，似乎就可以解决该难题。存在感知中，我们感知这个人的存在，将他视为整个宇宙。这时，我们就可以理解和接纳他的一切，做到全爱、全恕。此时的我们不就像神明一样吗？将这种方式应用到治疗中，即便面对那些平时令人惧怕、憎恶的罪犯，我们也可以通过友爱、包容、慈悲、理解和接纳的态度与之建立联系。

每个人都渴望成为被存在认知的对象。因为我们都希望被人视为独一无二的存在，全然理解和接受，而不是被随意贴上标签，成为一个"警察"或者"服务员"。如果找不到这样一个全然接受自己的人，人有时候就会把希望寄托于神明，甚至创造出一个类神的形象。

我的研究对象们都接受这样一个事实：现实是一种独立的自我存在。也就是说，现实就是其本身，持中立之态，与人类无关。以这种态度看待那些会威胁人类安全的灾难，感知会完全不同。此时，地震、洪水等灾难就是一种客观存在的自然现象，它甚至可能是美丽和有趣的，不会因伤害了人类而涉及一些道德或价值论问题。如果是一些"人为"灾难，我们可能就很难抱持这种态度，但也不是完全不可能。视人的成熟度而定，越成熟的人越容易做到。

美好的人生感受（二）：高度的自我认同感

　　对不同的心理学家来说，"身份认同"有不同的含义。我认为，它的定义和概念应该包含两部分，一部分需要被发现，另一部分需要去创造或发明。我在研究高峰体验时注意到，在这种状态下，人对自己的身份认同程度最高。此时，他们是最特别、最独一无二的存在，同时也最接近真实的自己。也就是说，此时发现的成分最多，发明的成分最少。所以，如果要给"身份认同"下一个定义，高峰体验或许可以提供准确和纯净的数据。

　　接下来，我将用整体论的方法对高峰体验中身份认同的特征进行描述。所谓整体论是指，将其视作一个整体，只是从不同角度进行观察。就像鉴赏家欣赏一幅画，不会把它分割成一块一块互不相干的组成部分，而是把它看成一个整体，从不同角度去解读它。

在高峰体验的状态下，人会觉得自己更加整合，或者说更加完整或统一。无论哪一方面，都是如此。他人也能感受到这种明显的变化。这种整合主要表现为：分裂的程度降低，自身内部冲突减少，对自己的接纳程度提高，内部消耗更少，更能全神贯注，各部分更有条理和效率，等等。

高峰体验中的人更能做纯粹和独一无二的自己。同时，更能接纳世界以及其他"非属己身的事物"（即"非我"），甚至与之融合，达成统一。比如，两个人相爱后，不会始终保持"你是你、我是我"的状态，而是容易走向融合，令"你"和"我"成为一体。又比如，高峰体验的状态下，乐评家欣赏乐曲时会觉得与乐曲融为了一体，而不是作为两个个体存在。这其实是一种对自身和自我的超越。这种超越是身份认同能够达到的最高境界。此时，对个人来说，"我"相当于不存在了①。

——————

①为了便于理解，我可以将之称为自我意识、自我觉察、自我观察的完全丧失。一般情况下，对我们来说，自我意识、自我觉察和自我观察如影随形。但是，当我们聚精会神、全情投入或满腹愁绪时，它们的程度会较低。这种现象不只会发生在高峰体验这种较高的层面，还可能发生在我们聚精会神地看一本书、一部电影或一场球赛这种较低的层面。此时，我们会因太过投入而忘记自己，以及那些烦恼和痛苦。所以，这种状态通常是让人感觉愉悦的。——原注

　　高峰体验中的人会觉得自己前所未有的强大，充分施展了自己的才华和能力。正如罗杰斯所说，这时，人会觉得自己的"功能得到了完全发挥"。他会觉得自己前所未有的聪明、智慧、敏锐、强大和优雅，正处于一种无与伦比的状态中，再也没有比这更好、更有效率的了。不仅他自己这样觉得，他周围的人也有这种感觉。此时，人所有的能力都被施展出来，付诸行动，不会再像平时那样，一部分用来行动，一部分用来束缚或压制自己。

　　这种能力的完全发挥还会表现为：人状态极佳时很容易就能完成平时不太容易完成的事。也就是说，平时竭尽全力才能做到的事现在轻而易举。由于很轻松地就完成了，而且所有事都在一个非常好的状态下顺利进行，所以人会表现出一种优雅的风采来。

　　同时，由于很清楚自己在做什么，并对此抱有极大的信心，所以人还会表现得很平静和果断，在行动时毫不犹豫、竭尽全力。因此，他们的行动往往直奔要害，不会旁敲侧击。这种行为特征在那些以最好的状态发挥功能的运动员、领导者、创造者身上体现得很明显。这点看似与身份认同的概念没有直接关系，但是要知道，身份认同最高的存在价值之一就是给人们带去超凡脱俗的愉悦感，而要想理解这种愉悦感，这点是必不可少的因素。

我在此还要强调一个问题：身份认同的目标是一个终极目标，但同时又好像起着过渡的作用，连接着超越身份认同的道路，是成长中的一步。似乎身份认同的目标就是超越自身，使自身"不存在"。也就是说，如果我们想要超越自我、消除自我，摒弃自我意识和自我观察，与世界和解并融为一体，那么最好的途径就是通过获得身份认同和满足基本需求而获得强大真实的自我。

美好的人生感受（三）：自主、富有创造性和活力

处于高峰体验中的人更具自主性、创造性和活力。他会觉得所有的活动和感知都围绕自己而进行，他不再被引导、被摆布，而是占据着主导地位。此时，他就是自己的主人，为自己做决定，并承担全部责任。与平时相比，他拥有了更强大的"自由意志"，能够完全掌握自己的命运。

他人也能察觉到这种明显的变化：他比之前更强大、果敢、专心一意，即使面对一些反对意见，也能做到漠视，坚定地相信自己；他一往无前，令人觉得不可阻挡；他毫不怀疑自己的价值和能力，认为只要自己想做的事就没有做不成的，给人一种值得信赖和依靠的感觉。

他摆脱了自我接纳、自我尊敬和爱护的消极方面，也就

是摆脱了压抑、控制、束缚、恐惧、戒备、自我怀疑、自我批评等。因而行为更具自发性和表达性，更纯粹、真挚、坦率、朴素，也更开放、不设防，更简单、自然、轻松、真实。从某个角度来说，他更原始和直接，更放松和自由，是无意识的、类似于本能的、没有思考和约束的[①]。

因此，他从某个特殊的角度来看也更具创造性。具体来说就是，因为相信自己，所以他能够以一种灵活的、顺应自然的方式，根据眼前情况的要求、条件、职责、性质等，来塑造自己的认知和行为。这就导致他的认知和行为通常具有随性、仓促、出人意料、临时发挥、标新立异、不落俗套等特点。也就是说，这种认知和行为中提前准备或计划的成分很少，是非刻意的、非策划的、非预先安排的。它们不是根据过去经验产生的，而是新创造出来的，因此在一定程度上，具有非需求的、非目的的、非力图的、无动机的性质。

每个人都是独一无二的。在高峰体验中，这种独一无二被进一步凸显，变得更加纯粹。如果从角色层面来看，人

---

①这是真正身份认同的一个非常重要的方面，包含很多意思，难以用语言准确表达，所以我额外添加了一些同义词。这些词的意思与正文稍有相同之处，比如：不刻意、不压迫、不隐瞒、不做作、不掩饰、不世故、不虚伪、自愿、自由、坦诚、开放、直接、从容不迫等。——原注

是可以互相代替的，但在高峰体验中，每个人都是独特的个体，是不可替代的存在。可以说，在高峰体验中，人的真实性和独特性得到了更明显的体现。

处于高峰体验中的人是非需求的、无力争的、无动力或驱使的。这是一种最高级和最真实的身份认同状态，是对常规需求和动力状态的超越。由于正处于快乐中，对快乐的追求暂时也处于停滞状态。此时，人只处于存在状态中。

我对自我实现者有过类似的描述。一切都源于自我内在冲动、思想和意识，自然、轻松、没有任何目的。人完全投入到行动中，但并非出于匮乏需求，也不是为了保持内心的稳定或减少需求，更不是为了逃避痛苦或者达成某个未来目标。总之，此时的行动和体验就是其本身，没有任何外在目的。或者说，它们本身就是目的。

高峰体验中的表达和交流也很有特点，语言通常是诗意的、梦幻的，就好像只有这种语言才能描绘出这种存在状态。从身份认同角度来看，这个发现似乎可以说明，一个人越真实、越纯粹就越像艺术家或诗人。

美好的人生感受（四）：遵从内心法则、谦逊又心怀敬畏

　　高峰体验中的人活在当下，既不受过去影响，也不受未来影响。例如，与平时相比，他更善于倾听。因为不受习惯和预期的干扰，他能充分去倾听。不管是过去的经验，还是未来的规划，都不会妨碍他。此时，他已经超越了欲望。因此，对他来说，恐惧、期望、憎恶这些标签已不再有意义。同时，他也不会再对当下拥有或没有的东西进行比较或评价。

　　这时，人更多地进入精神层面，对他有决定性影响的是内心的法则，而不是平时遵守的俗世的规律，也就是现实法则。表面看，这种说法似乎有些矛盾，其实并非如此。当人以一种"顺应自然"的态度面对自我和他人时，最有可能

达成对他人的存在性认知。此时，自尊自爱和尊他爱他互相配合、辅助，缺一不可。在理解"非我"时，最好的方法就是顺应自然，任它按照自己的原则自由发展，也就是不去操控它。同样，当我们想成为最纯粹的自己，就要遵从内心的准则来生活，不要受"非我"的影响。由此可见，心内和心外，也就是自我和他人，并非矛盾和对立的。二者各有其趣，甚至可以整合为一体。以存在之爱为例，两个人建立起存在之爱的关系后，自由、独立、控制、开放、信赖、意志、现实、他人、分离等词语会被赋予更为丰富的含义，而这些含义只限于存在领域,不会存在于匮乏领域中。

在高峰体验的状态下，或者在其后效中，人会有幸运之感，会将其视为一种恩泽，并产生自己"配不上"的感觉。高峰体验是一种"意料之外的喜悦"，它的发生是自然的、非蓄意的。因此，通常会造成"认知冲击"，令人产生惊讶之感。

对经历过高峰体验的人来说，高峰体验是一种奇迹，他对帮助他实现这种奇迹的人充满感恩。如果有信仰，他会将这种奇迹归功于他信仰的精神实体；如果没有信仰，则归功于其他人或事物，比如父母、自然、命运、世界等。有时，这种感恩还可能变成崇拜、敬畏、仰慕、赞扬、奉献等。

这种感恩之情往往会体现在很多方面，比如对一切人和事的爱护和包容，对世上所有美丽和善良的认同，为世界奉献自己力量的迫切愿望，对回报的渴求，以及一种油然而生的责任感。

在自我实现者和最接近真实自我的人身上，我们能够看到一种特别的谦逊和骄傲。这种谦逊和骄傲或许可以用这种感恩进行解释。一个人如果非常幸运，并有感恩之心，那么他就不会觉得这种幸运都是自己的功劳。他肯定会产生一种疑问，不知道自己是否值得或配得上这种幸运。这样的人在骄傲的同时通常也会保持谦逊。也就是说，在这种人身上，骄傲和谦逊不再呈二元对立状态，而是互相融合为一体，骄傲的同时保持一定的谦逊，谦逊的同时也保留一定的骄傲。二者分开时会造成病态，融合后却有益无害。骄傲中掺杂了谦逊就不会发展成狂妄或偏执，谦逊中掺杂了骄傲就不会变成怯懦或软弱。也就是说，在存在感恩的作用下，我们既能有英雄的骄傲，也能有仆人的谦卑。

高峰体验中的生理反应及后续效果

　　我的实验对象都很年轻，他们在描述高峰体验的生理反应时主要提到了两种。两种感觉截然不同，一种是激动、亢奋、高度紧张，一种是松弛、平静、安详。无论哪种高峰体验，性爱体验也好，审美体验也好，狂热的创作体验也好，都可能出现这两种反应。此时，人要么亢奋得睡不着觉，甚至出现一些生理问题，比如便秘、不想吃东西等；要么非常放松，是持续高度兴奋、无法或不愿入眠，甚至食欲不振、便秘；要么是彻底放松，很容易就进入香甜酣畅的睡眠。目前为止，我还不知道这代表什么。

　　通过研究对象的描述，我发现常见的高峰体验中都存在一种时空迷失现象。也就是说，在主观上，人已经感受不到时空的存在。比如，诗人或艺术家陷入狂热的创作状态中就

234

会忘记周围的环境和时间的流逝，当他们清醒过来时常常弄不清自己在哪儿，过了多长时间。又比如，相爱的两个人在一起时也会意识不到时间的变化，有时只觉得过了几分钟，实际已过了一天，有时又因强烈的感受觉得一分钟像是一天一样漫长。此时，他们就好像到了另一个世界。时间在这里以一种不符合常理的、互相矛盾的状态存在，静止的同时又在飞速流逝。总之，高峰体验中的人很难对时间和周围环境做出准确的判断。

通过研究对象的描述，我确信高峰体验还会带来一些后续效果。

1. 从严格的治疗意义上看，高峰体验在消除症状上可能有一定的效果。一名心理学家和一名人类学家的报告证明了这一点，在经历某种深刻的高峰体验后，某些神经症确实得到了永久消除。人类历史上其实有很多这样的记载，但心理学家或精神病学家们之前从未关注过。

2. 高峰体验后，人对自己的认识会发生转变，而且是向一个好的、健康的方向转变。

3. 高峰体验后，对他人的认识会发生改变，对自己和他人关系的认识也会改变，而造成这种改变的方式有很多种。

4. 高峰体验能在一定程度上改变人对世界或对世界某一

部分、某一方面的认识，且这种改变是永久性的。

5. 高峰体验能够解放人的本性，令个体的创造性、自发性、独特性和表现力得到增强。

6. 所有经历过高峰体验的人都承认它的重要性，并渴望再次体验，愿意为此付出努力。

7. 高峰体验能够令人坚信生活的价值。由于已经见证过愉悦、欣喜、幸福、善良、诚实等美好的存在，所以即便生活依旧枯燥乏味，也不会否定其价值。

高峰体验对不同的人会产生不同的影响。每个人的问题都不一样，高峰体验会为我们提供一个新的角度来认识或解决这些问题。

高峰体验不同于普通体验的特点

高峰体验与普通生活体验有很大区别。

一个中国古代的花瓶经过千年岁月的洗礼，依然崭新、美丽，它是一件艺术品，是世界的瑰宝。从这些意义上来看，它是绝对的。但是，从时间、文化根源或欣赏者的审美标准上来看，它又是相对的。不管是哪个年代、哪种文化，人们对高峰体验的描述都没有太大差别。那些诗人、艺术家、哲学家、数学家在描述他们的创造性时刻时，所用词汇几乎都是同义词。所以，阿道司·赫胥黎将其称为"长青哲学"。显然，时空的流转并不会影响人们对高峰体验的感知。换句话说，它是可以脱离其背景而独立存在的。它没有动机驱动，与人类的利益也不相关。在感知者的眼中，它就在那里，独立于人类而存在。这种绝对性远高于普通体验。

高峰体验：活出创造价值的好状态

普通体验以历史、文化和人类不断变化的相对需求为基石，处于一种更大的整体和参照系中，因此具有更高的相对性。绝对性比之相对性似乎更难理解，因为它好像是静止不动的。当这种静止其实并无必要。人们对各类事物的感知实际是一个波动的、转移的过程，但这种波动只发生在感知范围的内部。比如，欣赏一幅美丽的画。这幅画有很多结构，我们感知完一种结构后就可能把注意力转移到另一种结构上。也就是说，我们欣赏画的角度是不断变化的，感知也就随之起伏。事实上，我们没必要纠结高峰体验到底是绝对性的还是相对性的。它有时绝对，有时相对。两者并不对立，可以兼得。

在高峰体验中，人们常怀有一些面对伟大事物才会产生的情绪，如惊叹、赞美、敬畏、推崇、谦卑等。有时，这些情绪会非常强烈，甚至超出承受范围。据我的研究对象们说，此时他们会觉得有些"吃不消"。不过即便如此，他们依然对这种太过美妙的体验抱有好感和憧憬，有时甚至会将它与死亡体验联系起来，发出这样的感叹："这太美好了，我要怎么承受呢？哪怕让我立即死亡，我也愿意。"这时，高峰体验对他们来说更像是一种"甜蜜的痛苦"。他们之所以发出这样的感叹，可能是因为不舍得从高峰体验中跌落，回到平凡的生活中，也可能是因为在如此宏伟的体验面前深感自身渺小，不敢与之相配。无论是哪种原因，我们都可由此推断，高峰体验可能具有某种特性，能强烈地打动人心，带给人们欢笑和泪水。

我在研究中还发现，不同的高峰体验对世界的感知也有差异。在一些神秘体验、哲学体验中，世界被视为一个整体，是一种独立的存在，具有活力和丰富性。而在另一些高峰体验中，尤其是爱和审美的体验，能被感知到的世界只有很小的一部分，好像这很小的一部分就已经是整个世界了。不过，无论哪种情况，感知的对象都是一个统一体。即便只有部分，也保留了其全部的存在价值。这可能是因为感知时将部分视为了整体存在。

高峰体验是一种纯粹的愉悦、欣喜和满足。在这种体验中，人的防御、恐惧、焦虑、抑制会完全消失，对自我的克制、约束也会停止。所以，这时的感知更为开放。不过，高峰体验并没有脱离现实，所以也可以看成是弗洛伊德学派"快乐原则"和"现实原则"的一种融合。这样一来又再次证明了，在高度成熟和健康的人身上，高峰体验可以解决普通的二分概念。所以，经常产生高峰体验的人身上有一种"渗透性"，面对无意识时要更加勇敢和开放。

在高峰体验中，人通常会变得更加完整和个体化，更具自发性和表现力，同时也更勇敢、无畏、从容和强大。这些特点与我们之前提到的世界的存在价值非常相像，本质上似乎没什么不同。人的内在发生变化时，外在似乎始终与其保持着平行。也就是说，当我们越接近自身的存在，就越容易感知到世界的整体存在。或者说，当我们越接近自身的完美状态，就越能体现出世界的存在价值。反之亦然，我们越感知到世界的整体存在也就越接近自身的存在。我们可以通过一些例子来表明这种双向的交互作用。比如，我们越有幽默感越能发现世界上的乐趣，反之，我们越能发现这个世界上乐趣，也就会变得越有幽默感。比如，我们越善良越能发现世界的美好之处，而这些美好之处也会令我们更善良。反之，我们越郁闷越能发现世界的不完美之处，而越发现世界的不完美之处也就越郁闷。

在不同的理论中，高峰体验可以被理解为不同的含义。从大卫·M. 列维意义上来看，它是行为完成；在格式塔心理学家眼中，它是"闭合"；在赖希式理论中，它是完全高潮或彻底的释放、发泄、清除，也是至臻，圆满和完结。

与之形成明显对比的是事务未完成时的持续存在状态，比如排泄时只排出部分，减肥时只吃到半饱，未完成的性交，无法完全释放的愤怒或悲伤，无法完全清理干净的厨房，等等。这些例子足以证明完成状态的重要性，以及它为何能帮助我们更充分地理解不力争、轻松、整合等概念。在外部世界中，完成状态表现为公正、十全十美，是一种目的，而不是手段。在某种程度上，外部世界和内部世界拥有相同的构造，并互为因果。这样一来，我们就涉及一个问题，即优秀的人是如何让这个世界变得更好的，而变好后的世界反过来又是如何塑造这个人的。

从身份认同的角度来看，在某种意义上，真实的自我可能就是一种最终目的。不管是从主观上，还是从外部世界，人都会体验或感知到完结、告终、完美。尽管并不频繁，但必定会出现。我们从那些事实中得知，高峰体验者是唯一完全实现身份认同的人，而非高峰体验者则一直处于未竟、匮乏、力争和缺失的状态中。也就是说，他们生活在手段中，而不是在目的里。这种真实性和高峰体验之间必然存在正向关系。

未竟状态会对人的生理和心理造成怎样的影响？当我们思考这个问题时就会发现，这种状态不管是和心理健康还是和生理健康，都无法相容或共存。这或许可以帮助我们理解另一个奇怪的问题：为什么高峰体验在很多人眼里像一场梦幻、绚丽的死亡，或者说人为什么愿意在高峰体验中死去。用兰克①的话解释，所有完成或终结从古老或神话的角度来看可能都包含死亡之意。

---

① 利奥波德·冯·兰克（1795—1886），德国历史学家，客观主义史学创始人，西方近代史学重要奠基人，被誉为"近代史学之父"，代表作《拉丁和条顿民族史》《英国史》《教皇史》等。——译注

有助于激发高峰体验的教育

音乐和艺术教育

人本主义教育认为，教育的最终目标应该是人的"自我实现"。对人类而言，这是他能达到的最高发展和最好状态。在这方面，传统教育方式显然是行不通的。它可以教授我们技巧、提高我们的能力，却无法教授我们如何实现自我，成为一个完满的人。

人本主义教育和传统教育在学习经验方面有很大不同。传统教育的学习经验主要通过上课、听讲座、学习书本等方式获取，人本主义教育的学习经验有一部分可以从个人经历中获取。

以我为例，对我影响很大的经历是孩子的出生。第一个孩子出生后，我对之前热衷的行为主义产生严重怀疑，甚至到了无法容忍的地步。第二个孩子出生后，我发现即便利用心理学也无法解释为何人与人天生就存在那么大的差异，我们不可能让孩子按我们的意愿成长，最多就是在他过于坚持时提些反对意见。还有我的个人心理分析和婚姻，它们对我的教育意义，或者说带给我的价值，远高于我上过的课程和得到的学位。

高峰体验也是一种经历，为了研究它，我问过很多人生活中最快乐的时刻是什么？有没有哪个时刻感到一种异乎寻常的喜悦？答案很多。不过，许多人将这种异乎寻常的喜悦视为隐私，由于觉得羞耻并不太愿意在公开场合提及。

我们在调查中发现，很多经验都对高峰体验有激发作用。显而易见，几乎每个人都产生过高峰体验，或者欣喜如狂的时刻。我们也许可以问一个人，生命中有没有哪个时刻感到一种无与伦比的快乐？然后接着问，"你当时是什么感觉？""对自己感觉如何？与平时有什么不同吗？""你眼中的世界是什么样的？有什么特别之处吗？""你有怎样的冲动？""你产生什么变化了吗？如果产生了，是怎样变的？"这些都是我在调查中问过的问题。我对结果进行统计，最后发现音乐和性最容易激发高峰体验。巧合的是，这两种途径都很简单和常见，且容易理解。

我们有必要将这些激发物罗列出来，以便于理解我们为什么要认识和研究高峰体验。不过，由于所列内容过多，我们必须概括来说。通过对许多事物的集中研究，我发现那些关乎真正的卓越和完美的经验似乎都能带来高峰体验。还有那些以完美、正义为目标的经验，追求完美价值的经验，似乎也能带来高峰体验。当然，并不是每次经验都能带来。

这里要说明的一点是，我是在以一名人本主义科学家的身份谈论这一切。这篇文章讲述的是自然产生高峰体验的事。了解了这一点，我们以后可能就会知道该怎样做才能更容易获得高峰体验，就像知道怎样生育孩子才能对产妇有利，才能令她获得一种伟大而神秘的体验，或者是一种精神上的启发和了悟。用人们习惯的说法就是，令她成为不同的人。事实上，很多高峰体验中都伴随着这种"存在认知"。

我们可以将这种"存在认知"视为一种与幸福有关的工艺学。之所以和"幸福"有关是因为，据我所知，只有它能激发父辈的高峰体验。我在对大学生进行调查时发现，在生育孩子的过程中，只有女人会产生高峰体验，男人不会。现在，我们有办法改变这种情况，让男人也能在孩子诞生的过程中产生高峰体验。从某种重要的角度来看，这说明人发生了变化，开始从不同的角度看待事情，对不同的世界产生不同的认知，从此被幸福感所包围。这些都是我们通向神秘体验的途径。

目前为止，我只在古典音乐中发现了关于高峰体验的报告，特别是那些经久不衰的作品。它激发的高峰体验会令人心花怒放，并产生幻想，觉得自己是在另一个世界生活。值得注意的是，这种极致的喜悦有时会通过舞蹈或节奏表现出来。也就是说，在这一刻，音乐和舞蹈融为一体。所以我必须额外说一句，当我谈及音乐可以激发高峰体验时是包含舞蹈的，它们在我眼里是一体。至于节奏，哪怕是孩子敲出的鼓点这种最简单的节奏，都能够带动身体。对身体的喜爱、觉察和尊敬显然能够促进高峰体验的发生。而高峰体验的发生又能帮助我产生存在认知，认识心灵交流的本质、内在价值和存在的终极价值。从另一方面看，还能帮助我们治疗疾病，推动我们向自我实现的方向成长。

由此可见，高峰体验是有作用的，而且是非常重要的作用。在一定意义上，音乐和艺术具有相同的作用。对目标明确坚定、意识清醒的人来说，它们的作用如同心理治疗，不仅可以消除病症，还可以促进自发性、勇气及身体和感官意识的发展。

"内在教育"的重要性

　　音乐、舞蹈和节奏能够帮助我们发现自我同一性。这一点非常重要。这种激发不仅会影响我们的自主神经系统、内分泌系统，还会影响我们的情感和情绪。这是由我们的构造方式决定的，虽然不知道什么原因，但确实如此。这些体验就像痛觉一样清楚，基本不存在出错的可能。

　　体验贫乏的人中有很大一部分对自身内部情况一无所知。生活中，他们容易受他人影响，只能依靠钟表、日程规划、行为准则、法律及周围人的提醒度日。这也是发现自我的一种方法。他们的内心在高呼："太好了，肯定是这样的！"倾听内心的声音，观察它有什么反应，会产生怎样的活动，也可以帮我们达成自我实现，并发现自我同一性。

　　数学也是优美的，和音乐一样。我是三十岁读了一些有关数学的书后才意识到这一点。而且，数学也能产生高峰体验。其他学科也都如此，如历史学、人类学、社会人类学、古生物学、科学研究等。

这里要说明一点，我谈论的科学家主要是指创造性科学家。这种科学家是依靠高峰体验生活的。也就是说，他们是为了得到成就感的那个时刻而活。解决了所有难题后，透过显微镜，他开始以一种截然不同的方式看待事物。对他来说，这一刻非常重要，有很多意味，代表着启发、顿悟、豁然开朗和心花怒放。大多数时候，他们羞于把这种感受说出口。所以，在没有精心安排的情况下，我们很难得到这部分的资料，不过，我已经知道该怎么办了，只需要想办法说服一位有创造性的科学家,令他相信这种感受没什么可羞耻的，没有人会嘲笑他。只有这样，他才会承认自己在某个时刻确实产生了非常强烈的情感体验。对于这些事的感受，他们不太愿意提及，而传统的教科书就算提到这些，也没什么意义。

我认为，对于这种情况，我们是有可能进行改善的，只要我们能充分地意识到自己在做什么。也就是说，我们要有充分的哲学见解。如果这样，我们或许就可以利用这些很容易让人心花怒放的体验给人带来启发、经验、醒悟、幸福和愉悦的体验。我们有可能把它们作为一种模式，重新对历史教学或其他教学进行评判。

我最后要说明的一点是，与常见的"核心课程"相比，有效的音乐教育、艺术教育、舞蹈和节奏教育从本质上来说，其实更接近我所说的内在教育。这种内在教育最主要的任务就是发现个体的自我同一性。无法做到这点的教育毫无用处。对我们来说，教育应该发挥什么样的作用？它应该教会我们成长，教会我们选择发展的方向，教会我们分辨好、坏，判断合不合理，以及该做出什么样的选择。这些都属于内在教育的范畴。

在我眼里，艺术与我们的心理和生理本质十分接近，特别是我谈论的那些艺术，与自我的同一性如此接近。所以，我们应该将这些艺术视为教育的基本经验，而不是点缀。要知道，这种教育里蕴藏着终极价值。这种内在教育最好围绕着艺术教育、音乐教育和舞蹈教育展开。我们或许可以利用这种模式挽救其他学科的教育，使其摆脱价值无涉、价值中立、无目标、无意义的状态。

"外在教育"的弊端

　　现代社会的教育方式主要有两种：一种是向学生传授生活在工业化社会所必备的知识，这是绝大多数教育者在做的，他们不太在意想象力和创造力，只关心效率，想在最少的时间和花费下将尽可能多的知识灌输给尽可能多的孩子；另一种教育的目标是帮助学生在人格上得到发展，也就是帮助他走向自我实现，这种教育只有少数具有人本主义倾向的教育者在做。

　　第一种教育就是外在教育。这种教育只关心学生的背诵记忆情况，不关心创造性；只关心行为，不关心思想；只关心考试成绩和学位，不关心内在的发展。

　　有个例子说明了教育中内在和外在的区别。厄普顿·辛克莱①上大学时交不起学费，为了解决这一问题，他认真研究大学目录，发现了这样一条规定：一个学生如果某门课程不及格就不能得到该课程的学分，他必须选修另一课程，而鉴于他已经为第一门课程支付过费用，第二次选修的课程将免费。辛克莱对这个规定进行了充分的利用，他故意不通过所有课程，从而获得了免费教育。

外在教育很大的一个弊端就是太过看重"学位"。很多父母都认为，不管因为什么，只要最后没有获得学位，孩子在大学里的时间就等于浪费了。他们完全忽略了学习价值。

我认为，一座理想的大学是没有学位的，也没有学分和必修课。学生在这里可以学习任何他想学的东西。甚至来不来上课也完全出于学生自己的意愿。每个人都是可以学习和进步的，所以在理想的大学里，不管是谁，天才、笨蛋、孩子、大人，都可以根据自己的需要获得内在教育。这座大学甚至没有固定的授课时间和授课地点，它无处不在。每个人都可以成为老师，只要愿意与他人分享。这所大学没有毕业一说，因为学习本来就是终生的事。哪怕是死亡，也极具教育意义，可以给人以哲学上的启发。

---

①厄普顿·辛克莱（1878—1968），美国作家、社会活动家，代表作有《煤炭大王》《龙齿》。——译注

对教育而言，理想的大学应该一片净土。每个人都可以在那里找到自己、发现自己。我们喜欢什么，不喜欢什么，渴望什么，不渴望什么，擅长什么，不擅长什么，都可以在那里找到答案。每个人学习到的东西都不同，但不管是什么，都通向发现自己的道路。也就是说，理想大学的主要目标就是发现自我同一性，并找到自己的使命。

什么是发现自我同一性？就是发现你真实的渴望和特征，并能够以一种表达它们的方式生活。通过学习，你成为真实的自己，你的言行自发地反映出你内心真实的感受。大部分人都把真实的自己掩藏起来了，就像我们无论多么生气，接起电话时也会友好地和对方打招呼。

与其他人相比，我们口中那些健康的人似乎更擅长倾听自己内心的声音。自己想要什么，不想要什么，他们一清二楚。与之形成鲜明对比的是一些听不到自己的心声，对自己的内心世界一无所知的人。这种人通常很空虚，只能依靠一些外部标准来生活和行动。比如，选择衣服时，他们考虑的不是自己喜不喜欢，而是父母的意见或者够不够时尚。

模糊孩子内心的声音，这是父母最擅长的事。孩子说不想喝牛奶或吃青菜时，父母会以各种理由来说服他们，比如"牛奶有营养，你需要喝一点"或者"大家都吃青菜，你也得吃一些"。对孩子来说，清楚地听到内心的声音是他认识自我的一个重要途径。父母模糊了这些声音，对孩子有害无益。

与普通人相比，具备审美能力的人对色彩、样式、协调性等方面有更清晰的认识。高智商者似乎更容易看透真相，分辨出哪种关系是真实的，就像审美者能看出这条领带适不适合这件衣服一样。之所以会这样是因为，高智商者和审美者的内心都具有非常清晰和强烈的冲动声音。对于孩子的创造力和高智商之间的关系，人们进行了大量的研究。在富有创造力的孩子身上，我们似乎也发现了这种强烈的冲动声音。通过这些声音，他们能够判断对错。而没有创造力的高智商孩子已经丧失了这种声音，只能在父母或老师的指导和引领下按部就班地生活。

在道德和价值问题上，健康者似乎也这种冲动声音。在很大程度上，自我实现者已经超越本土文化的限制。对他们来说，最重要的身份是人类的一员，而不是美国人。因此，他们能够客观地看待自己的社会，判断自己喜欢社会哪些方面。如果教育的最终目标是自我实现，那么教育应该帮助人们超越自身文化的限制，令其成为全人类的一员。

理想大学追求的另一个目标是发现自己的使命。当我们能够做到认识自己，并倾听自己内心的声音时，就会发现在有限的生命里自己想要做什么，也就是发现自己的使命。可以说，对个人而言，发现自我同一性就相当于发现自己的使命，找到了自己愿为之奉献一生的事业。在寻找自己的事业时，我们也可以像寻找伴侣时那样多方面交往，或者在找到后试行一段时间。如果我们对自己的认识足够清晰，那么最后总能找到合适的。

玄妙的"内省生物学"

人本主义教育哲学带来很多影响，其中一种就是让我们能从不同角度去看待自我。比如从生物学的角度。这个概念非常复杂，它不仅涉及一种本质、一种内在本性，还涉及种族性和某种动物性。几个世纪以来，这是人们首次从这个角度看待自我。

欧洲的存在主义学者萨特①是不认同这种看法的。他认为，人完全是主观和独立意志的产物，一个人想成为什么样的人完全由其主观专断，不受任何规则、环境的影响。他从本质上否定了生物学的意义，完全忽略了物种概念上的

①让·保罗·萨特（1905—1980），法国存在主义哲学家，代表作《存在与虚无》被视为存在主义的巅峰之作。同时也是作家，诺贝尔文学奖获得者。——译注

价值。

但是，根据临床经验，美国人本主义心理学家和存在主义精神科医生却提出了一种设想，认为人具有一种本质的、从属于物种的生物学特性。利用"揭示"疗法，我们很容易就能帮助个体找到真实自我，发现他的自我同一性。以此为基础，他的主观生物学属性就可以发挥作用，对自己进行"塑造"。

问题的难点在于，人应该被划归为哪一物种？他不像一只猫，具有明显的种族性和动物性本能。猫就是猫，它不会想成为一只狗，它的内部不存在什么复杂的冲突。可人类不一样。对我们来说，不管是生物学本质还是残存的本能，都难以发现和捕捉。因为我们太过重视对外在事物的学习，而忽略了心灵深处的冲动。这种冲动被长久地忽视，已掩埋在我们几乎完全丧失的本能中。它们是那么微小又脆弱，想要发现必须保持平静、全神贯注地深入挖掘。这就是内省生物学。它提供了一种方法，帮助我们发现自我同一性、自发性和自然性。这个方法就是，闭上双眼，断绝一切噪音和杂念，以一种顺应自然的、完全开放的方式，接纳自我，令自己保持平静、松弛，然后耐心地等待，看看会有什么浮现出来。弗洛伊德将这种方法称为自由联想。此时的意识活动是完全自由的，不受控于某个目标或任务。如果我们成功了，就能听到那些来自我们心灵深处的、微小的声音。这个声音源于我们的动物或种族本性，也源于我们自身的独特本性。

这里似乎有一个矛盾之处。我们一边强调发现自己的独特性，也就是自己与他人不一样的地方；一边又提及挖掘自己的动物性或种族性，也就是自己与其他人类一样的地方。为何会如此呢？用罗杰斯的话来解释："当我们深入挖掘自身的独特性、自我同一性时，对整个人类的共性其实也就有了更深刻的了解。"反过来看，当我们足够了解自身的种族性时，我们的独特性将与之融合。

如果我们想成为一个完满的人，在深入挖掘自我独特性的同时，也要深入了解种族性。也就是说，我们在发现自我的独特性，寻找自己是谁，自己有何潜能、喜好、风格、价值、使命，也就是与他人有何不同之处的同时，也在了解自己与他人有何相同之处。

儿童的天性与教育

　　人本主义教育的一个目标是让人明白生活的可贵。人只有感受到快乐、欣喜、愉悦等积极的一面才会觉得生活有价值。高峰体验无疑是这类体验的巅峰，它虽然极少出现，却全面肯定了我们的生活。那些能经常体验到快乐的人通常热爱生活，而那些从未体验过快乐的人通常对死亡抱有一种向往。弗洛姆讨论过这两种人，他认为向死者不太能理解和掌控生活，他们总希望能出现一个意外，让他们放弃自杀的念头。为此，他们会做出许多愚蠢的尝试。他们与热爱生活者的区别在困境中表现得尤为明显。在集中营里，热爱生活的人会为了生存而努力，向死者却没有反抗的念头，只能走向死亡。之所以会这样，是因为他们没有体验过欢乐，生活对他们而言毫无意义。如果能为他们的生活提供某种意义，他们是能被拯救的。比如，在一些戒毒社区，只要为吸毒者找到其他生活意义，他们很容易就能戒毒成功。在《新存在主义导论》中，柯林·威尔森[1]指出生活必须有意义，那些充满欢乐的时刻能够证明生命的价值。如果生活里都是烦恼和痛苦，人们向往死亡就没什么可奇怪的了。

儿童也会产生高峰体验，尤其是童年时期。现在的学校教育会严重遏制高峰体验的出现。没有几个老师能够允许孩子在课堂上遵从自己的本性自由玩耍，为了在一节课的时间内讲完应讲的东西，他们会更关注课堂秩序，而不是孩子的体验。现在的教育理念似乎默认，让孩子过得快乐是件危险的事。可是，就算是教授加减乘除这种工业社会必备的知识，其实也可以让孩子从中感到乐趣。

幼儿教育和小学教育应该怎么做才能让孩子更热爱生活呢？我觉得最重要的一点是让孩子获得成就感。对孩子来说，帮助他人，尤其是比自己弱小的人，可以带来很大的满足感。少管制、约束他们一些，他们的创造性就能得到极大发展。如果老师是个快乐、健康、完满的人，会对孩子产生

---

[1] 柯林·威尔森，生于1931年，英国作家、哲学家、小说家，代表作有《局外人》《受挫折的年头》等。与马斯洛是好友，两人都对高峰体验、创造性、人类高层次动机和潜能等问题感兴趣，因而结下了深厚的友谊。——译注

一些好的影响，因为很多孩子在行为和态度上都喜欢模仿自己的老师。

现在的老师承担着很多职能，比如调节、强化、管理等。他们擅长的是给予和干涉，而不是接纳。在这一点上，道家所谓的"师父"做得更好。他们会接纳徒弟的本性和现状，在此基础上去训练他。例如，在拳击界，面对想成为职业运动员的拳击手，好的经理人会先试试他的能耐，让他把自己的风格完全展示出来，然后在这种风格的基础上，按照他的天赋去训练他，而不是让他忘掉之前的一切，从头再来。

我认为，这种方式完全可以应用到教育学领域。我们必须接纳孩子的天性，帮他发现自己、认识自己，让他明白自己的喜好、天赋、潜能、价值是什么。同时，为他提供一个轻松的环境，尽可能地消除他的恐惧、防御和戒备。只有这样，我们才算得上是一个好的辅助者、引导者或治疗师。我们重视和爱护的就是他本身，是他的成长和自我实现，这才是最重要的。

值得注意的是，如果想让孩子达成自我实现的目标，我们还应在教育中尽量满足他们的基本生理需求。我们要为孩子营造一种氛围，让他感觉被爱、被尊重、被需要，让他在这种氛围里"二次成长"。只有这样，他才有可能走向自我实现的道路。

一个孩子如果被这样关心爱护着，他就会把自己"展露"出来，展露出他的意愿、他的喜好。对我们来说，这是帮助他们发现和认识自己的一个好机会，只需给予恰当的反应。对于孩子在学校的"突出"表现，不管是他的幻想和专注，还是他的好奇和痴迷，我们都应给予足够的重视。这可以帮助我们了解他的喜好，知道什么东西能让他体验到快乐。这对引导他努力学习、坚持不懈、专心致志有很大帮助。

高峰体验是学习的目标，也是学习的奖励。换句话说，这种神秘的、美好的、令人惊叹和敬畏的完美体验，既是学习的起点，也是学习的终点。